第六版

养猪

周元军 编著

300 问

中国农业出版社
北 京

　　《养猪300问》一书自2001年由中国农业出版社出版发行以来，受到了广大读者的欢迎，累计已发行近30万册。随着我国乡村振兴战略的实施，国家对养猪补贴力度的逐渐加大，从事养猪的人们越来越多。

　　为适应现代养猪业不断发展的需要，满足人们对优质、安全猪肉产品的需求，也为了全面提高本书的质量，更好地普及、应用现代养猪科学技术知识，让广大读者能及时了解和掌握更新、更实用的现代养猪技术，应广大读者和中国农业出版社的要求，笔者对第五版内容进行了修订，针对养猪生产中的问题、难点，围绕生产实际中必须掌握的理论知识与实际操作技能，融实用性与可操作性于一体，以最简洁的语言、通俗易懂、一问一答、图文并茂的表述方式，在相关章节或者重要知识点还增加了"重要提示"、视频链接等内容，以求最大限度地满足广大养猪生产者的需求。

　　本书既可作为养殖户及中小规模养殖场、家庭农场、生产管理人员、畜牧业经营者的参考用书，也可供农业院校师生和基层畜牧兽医工作者参考。限于时间仓促和编写人员水平，书中不当之处在所难免，诚望广大读者予以指正。

编　者

2023年10月

第一版前言

　　养猪是我国广大农村传统的家庭饲养业，随着经济体制改革的逐步深入和市场经济的迅速发展，农村庭院养猪业正在由单一、传统的家庭事业逐步向专业化、商品化的方向发展，并涌现出了大批养猪专业户、重点户和家庭养猪场。为了加快养猪业的发展，满足广大饲养者的需要，将养猪生产和科研方面的新成果、新技术、新经验及时送到饲养者手中，应用于养猪生产，创造更高的经济效益，我们编写了这本《养猪300问》。

　　本书吸收目前国内外最新科技成果，结合作者多年的生产教学经验，并尽量考虑农村、城镇个体和集体养猪生产者的条件和特点，密切结合庭院养猪情况，以问答的形式，着重介绍了猪的类型与品种、猪的营养与饲料、猪的繁殖与杂交、仔猪生产、肉猪生产、猪场规划与建设及猪病防治等方面的实用技术共300问，一事一问，一事一议，简明扼要，通俗易懂，是广大农村、城镇发展养猪业者的必备参考书，也可供农业院校师生和基层畜牧兽医工作者参考。

　　由于我们水平有限，书中的缺点和错误在所难免，敬请同行及广大读者批评指正。

编　者
2001年2月

　　《养猪300问》一书自2001年由中国农业出版社出版发行以来，已重印6次，累计印数达5万余册，深受广大养猪场、养猪户的好评。但随着人们对优质、安全猪肉产品需求的提高及规模化养猪的快速发展，为了让广大养猪场、养猪户能了解和掌握更新、更实用的养猪技术，以及取得养猪效益的有效途径，应中国农业出版社的要求，我们对原书内容进行了修订，系统地介绍了猪的类型与品种、猪的营养与饲料、猪的繁殖与杂交、仔猪生产、肉猪生产、猪场规划与建设、猪病防治及家庭猪场的经营管理等方面的实用技术共300个问题，删除了原书中实用性不强、资料较陈旧的内容，补充了国内外养猪新成果和新经验，如无公害生猪生产的关键环节、绿色饲料添加剂、生态养猪技术、传染病及寄生虫病的防治规范、食品动物禁用的兽药及其他化合物、养猪前景预测及产业化区域开发等。在修订过程中继续保持原书一事一问，一问一议，简明扼要，系统性、科学性、先进性和实用性的特色，力求最大限度地满足广大农村、城镇个体和集体养猪生产者的需求，促进我国养猪业快速发展。

　　本书是广大农村、城镇发展养猪业者的必备参考书，也可供农业院校师生和基层畜牧兽医工作者参考。

　　书中错误和不当之处，诚望广大读者予以指正。

编　者

2005年2月

第三版前言

  《养猪300问》一书自2001年由中国农业出版社出版发行以来，已修订3次，累计印数达10余万册，深受广大养猪场、养猪户的好评。为适应人们对优质、安全猪肉产品需求的提高及规模化养猪的快速发展，为了让广大养猪场、户能了解和掌握更新、更实用的养猪技术，取得更高的养猪效益，应中国农业出版社和广大读者的要求，我们对第二版内容又进行了修订，对原300个问题加以调整和修正，删除了一些适用性不强、方法陈旧的内容，补充了国内外养猪新成果、新技术和新经验，如有机猪肉生产技术、无公害猪肉生产技术、当前猪病的发生特点，以及养猪与环境保护等。在修订过程中继续保持原书一事一问，一问一议，简明扼要，系统性、科学性、先进性和实用性的特色，以求最大限度地满足广大农村、城镇个体和集体养猪生产者的需求，促进我国养猪业快速发展。

  本书是广大农村、城镇发展养猪业者的必备参考书，也可供农业院校师生和基层畜牧兽医工作者参考。

  限于时间仓促和修改人员的水平，书中错误和不当之处在所难免，诚望广大读者予以指正。

编 者

2013年10月

第四版前言

《养猪300问》一书自2001年由中国农业出版社出版发行以来，受到了广大读者的欢迎，累计已发行十多万册。2011年，该书被评为最受养殖户欢迎的精品图书。但是随着我国养猪业的飞速发展，为适应现代养猪业的需要，满足人们对优质、安全猪肉产品的需求；也为了全面提高本书的质量，让广大读者能了解和掌握更新、更实用的养猪技术，应广大读者和中国农业出版社的要求，笔者对第三版内容又进行了修订，对原300个问题加以调整和修正，删除了一些适用性不强的、陈旧的内容，补充了国内外养猪的新成果、新技术和新经验，如母猪的深部人工授精新技术、哺乳仔猪的接生新技术、哺乳仔猪的断奶新技术、当前猪病的发生和流行新特点、生态养猪新方法等。在修订过程中继续保持原书一事一问，一问一议，简明扼要，系统性、科学性、先进性和实用性的特色，以求最大限度地满足广大养猪者的需求。

本书既可作为广大养猪业者的参考用书，也可供农业院校师生和基层畜牧兽医工作者参考。

限于时间仓促和修改人员的水平，书中错误和不当之处在所难免，诚望广大读者予以指正。

编　者

2016年6月

第五版前言

　　《养猪300问》一书自2001年由中国农业出版社出版发行以来，受到了广大养猪读者的欢迎，发行量达17万册。2011年，该书被评为最受养殖户欢迎的精品图书。但是随着我国养猪业的迅速发展，为适应现代养猪业的需要，满足人们对优质、安全猪肉产品的需求，也为了全面提高本书质量，应广大读者和中国农业出版社的要求，笔者对第四版内容再次进行了修订，对原300个问题进行了调整和修正，删除了一些应用性不强的、知识陈旧落后的养殖技术内容，补充了国内外养猪的最新进展，如非洲猪瘟的防治、无抗养猪新技术、初生仔猪固定奶头的技巧、妊娠母猪饲养新技术、当前猪病的发生和流行新特点、生态环保养猪新技术、发酵饲料的开发应用等。在修订过程中继续保持原书一事一问，一问一议，简明扼要，系统性、科学性、先进性和实用性的特色，同时又添加了部分直观图片，以求最大限度地满足广大养猪生产者的需求。

　　本书既可作为广大养猪业者的参考用书，也可供农业院校师生和基层畜牧兽医工作者参考。

　　限于时间仓促和编写人员的水平，书中错误和不当之处在所难免，诚望广大读者予以指正。

编　者
2018年12月

目　录

○ 第七章　猪病防治 ………………………………………… 129

○ 第八章 家庭猪场的经营管理 ……………………………………… 229

视频目录

第一章

猪的类型与品种

1. 猪有哪些生物学特性？

（1）繁殖力高，世代间隔短　猪一般3～5月龄性成熟。母猪发情周期18～24天，发情期2～3天，妊娠期平均114天，两年可产4～5胎，世代间隔很短（图1-1）。

猪属多胎高产动物，一年四季都可以发情配种。一头母猪一年可以产2.0～2.5胎，每胎产14头左右。如果后备母猪于产后6～8月龄配种，则10～12月龄产仔，当年留种当年即可产仔。

图1-1　哺乳母猪

（2）生长迅速，饲料转化率高　60日龄时体重为出生重的20倍以上，8～10月龄时体重即可达到成年体重的50%左右，大约5月龄、体重达90～100千克便可上市。每增重1千克，一般只需要2.2～3.2千克饲料。

（3）食性杂，饲料来源广　猪可食饲料的范围很广，特别喜爱甜食，仔猪对乳香味也颇有兴趣。

猪能利用的饲料种类较多，对饲料的消化能力很强，既能食用植物性饲料，又能食用动物性饲料和其他饲料。

（4）屠宰率高，肉品质好　屠宰率一般可达到65%～80%（图1-2）。

猪的骨骼细，可供食用的肉食部分比例大。猪肉含水分少，脂肪和蛋白质含量都很高，矿物质、维生素的含量也丰富。

图1-2　猪胴体

（5）**嗅觉和听觉灵敏，视觉不发达**　仔猪出生几个小时就能辨别气味，听觉器官较发达和完善，但视觉器官不发达（图1-3）。

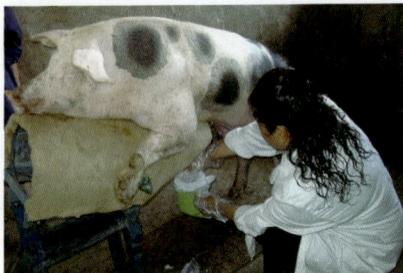

在生产中，人们利用猪视觉器官不发达的特性，让种公猪通过爬跨涂抹有发情母猪体液的假母猪台而进行人工采精（图1-3）。

图1-3　给公猪人工采精

（6）**仔猪怕冷，大猪怕热**　新出生的仔猪由于毛稀、皮薄，皮下脂肪少，所以最容易受凉而发病。因此，对于刚出生的仔猪一定要注意加强保温（图1-4）。一般31～60日龄的保育猪适宜温度为24～28℃，60日龄之后的适宜温度为18～22℃，大猪适宜温度为10～30℃。当环境温度升至30℃以上时，猪的采食量将会下降，增重减缓，饲料利用率低；当环境温度达到40℃时，大猪很容易因发生中暑而死亡。

仔猪初生后应做好保温，最佳温度为34～35℃。以后随着日龄的不断增长，每周降低2～3℃，直至降到断奶时的最佳温度24～28℃。

图1-4　哺乳仔猪保温

【提示】根据多胎、高产、妊娠期短的特性，可提高母猪的年生产力；根据生长期短、生长强度大的特性可加快肉猪的生产周转时间，提高年出栏率；根据杂食、消化道长及可利用多种饲料的特性，可降低饲养成本，提高经济效益；根据嗅觉和听觉灵敏的特性，可进行调教，提高劳动生产率。

2. 按经济用途特点可将猪分为几种类型？

（1）瘦肉型　瘦肉型猪胴体瘦肉率达55%～65%，脂肪占30%左右，膘厚1.5～3.5厘米，可供加工成长期保存的肉制品，如腌肉、香肠、火腿等（图1-5）。

瘦肉型猪的外形特点是：前躯轻，后躯重，中躯长，背线与腹线平直，四肢较高，体长大于胸围15～20厘米。

图1-5　瘦肉型猪示意图

（2）脂肪型　脂肪型猪以产脂肪为主，一般脂肪占胴体比例的55%～60%，瘦肉率占40%左右，膘厚在4厘米以上（图1-6）。

脂肪型猪的外形特点是：头颈粗重，体躯宽、深而短，整个外形呈方砖形，体长与胸围相等或略小于胸围2～5厘米，四肢较短。

图1-6　脂肪型猪示意图

（3）兼用型　兼用型猪以生产鲜肉为主，胴体中的瘦肉和脂肪比例相近，各占45%左右（图1-7）。

兼用型猪的外形介于脂肪型和瘦肉型之间，其特点是：凡偏向于脂肪型者称为脂肉兼用型，凡偏向于产瘦肉稍多者称为肉脂兼用型。

图1-7　兼用型猪示意图

3. 我国地方猪种可分为几种类型？

我国地方猪种一般可分为六大类型，即华北型、华南型、江海型、西南型、华中型、高原型（表1-1）。

表1-1　中国猪种

品种		代表猪种
地方猪种	华北型	东北民猪、西北八眉猪、黄淮海黑猪、汉江黑猪、沂蒙黑猪
	华南型	两广小花猪、香猪、滇南小耳猪、海南猪、粤东黑猪、槐猪、隆林猪、五指山猪、蓝塘猪
	华中型	金华猪、华中两头乌猪、宁乡猪、湘西黑猪、赣中南花猪、大围子猪、大花白猪、龙游乌猪、闽北花猪、嵊县花猪、乐平猪、杭猪、玉江猪、武夷黑猪、清平猪、南阳黑猪、皖浙花猪、莆田猪、福州黑猪
	江海型	太湖猪、虹桥猪、姜曲海猪、阳新猪、东串猪、圩猪、台湾猪
	西南型	荣昌猪、内江猪、关岭猪、乌金猪、湖川山地猪、成华猪、雅南猪
	高原型	藏猪
培育品种		哈尔滨白猪、上海白猪、伊犁白猪、赣州白猪、汉中白猪、三江白猪、新金猪、新淮猪、北京黑猪、山西黑猪、东北花猪、泛农花猪
引入品种		大约克夏猪（大白猪）、中约克夏猪、长白猪、杜洛克猪、汉普夏猪、巴克夏猪

4. 我国优良的地方猪种主要有哪些？

我国优良的地方猪种有100余种，具有突出特点的猪种有东北民猪、香猪、两广小花猪、内江猪、宁乡猪、金华猪、华中两头乌猪、太湖猪、荣昌猪、成华猪、藏猪等（图1-8至图1-11）。

图1-8　东北民猪母猪

图1-9　金华猪母猪

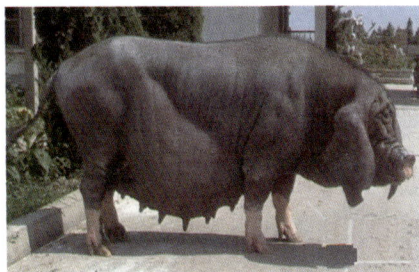
图1-10　太湖猪母猪

图1-11　陆川猪母猪和仔猪

我国改良品种猪主要有哈尔滨白猪、上海白猪、新淮猪、沂蒙黑猪、三江白猪、北京黑猪、湖北白猪、苏太猪、军牧1号白猪等（图1-12至图1-15）。

图1-12　哈尔滨白猪公猪

图1-13　上海白猪母猪

图1-14　新淮猪母猪

图1-15　北京黑猪母猪

5. 我国引进的优良猪种主要有哪些？

我国引进的国外优良品种猪主要有长白猪、大白猪（大约克夏猪）、杜洛克猪和皮特兰猪（图1-16至图1-19）。这些猪种具有生长速度快、瘦肉含量高和饲料利用率高等优点。

图1-16　长白猪母猪

图1-17　大白猪母猪

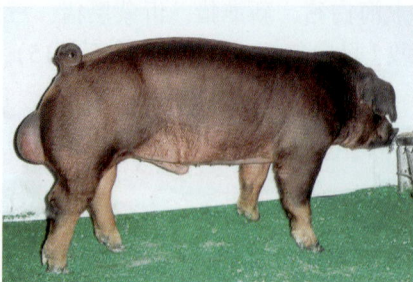

图1-18　杜洛克猪公猪

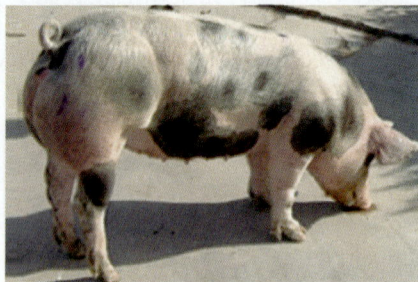

图1-19　皮特兰猪母猪

6. 我国地方猪种各有哪些种质特性？

（1）**繁殖力高**　我国地方猪种性成熟早，一般母猪初情期平均日龄94.46天，平均体重22.73千克，性成熟日龄平均12.52天（其中姜曲海猪仅为76.76天）；而外国猪种如长白猪母猪和杜洛克猪母猪的初情期分别为173日龄和224日龄。此外，我国地方猪种发情明显，排卵数量多，受胎率高，产后疾病少，泌乳量大，母性强（不压仔），仔猪育成率高等，种公猪的繁殖性能也较高（图1-20、图1-21）。

嘉兴黑猪、二花脸猪等品种的母猪，平均产仔为初产10.38头、经产14.24头，母猪奶头数8～11对。世界最高产的太湖猪，平均产仔为初产13.48头、经产16.65头，母猪奶头数8～11对。而外国繁殖力较高的品种长白猪、大约克夏猪，产仔10～11头，奶头数多为6～7对。

图1-20　嘉兴黑猪母猪和仔猪

我国地方猪种公猪精液中首次出现精子的日龄也远比外国猪种早。如大花白猪为62日龄，大围子猪为75日龄，而大约克夏猪为120日龄；配种日龄我国猪种大部分为120日龄，外国猪种在210日龄以上。

图1-21 大花白猪公猪

（2）**肉质好** 我国地方猪种肉色鲜红，没有灰白色肉，肌肉系水力良好，大理石纹分布均匀、含量适中，且肉质细嫩、多汁，肉味香浓，适口性良好（图1-22）。

（3）**抗逆性强** 我国地方猪种对外界不良环境条件有良好的适应能力（图1-23）。

图1-22 我国地方种猪肉

我国地方猪种具有较强的抗逆性，主要表现为抗寒、耐热性能好、耐粗饲、耐饥饿（其低营养时的耐受力强），能适应高海拔的生态环境。

图1-23 雪地里的东北民猪

7. 太湖猪有什么生产性能优势？

太湖猪由二花脸猪、梅山猪、枫泾猪、嘉兴黑猪等地方类型猪组成，母性好，高产性能强。初产母猪平均产仔12头，经产母猪平均产仔16头以上，三胎以后每胎可产仔20头，优秀母猪窝产仔数达26头，最高纪录为42头。性成熟早，公猪4～5月龄精子的品质即达成年猪水平。母猪2月龄即出现发情（图1-24、图1-25）。

太湖猪体形中等，全身被毛黑色或青灰色，毛稀疏。梅山猪的四肢为白色，腹部呈紫红色，头大额宽，额部和后躯皱褶深密，耳大下垂，形如烤烟叶。四肢粗壮，腹大下垂，臀部稍高，奶头数8～9对（最多13对）。

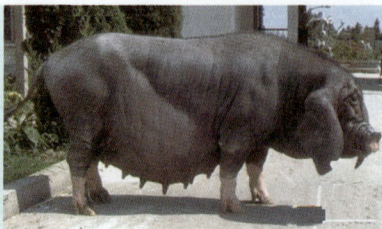

图1-24　太湖猪母猪

太湖猪是世界上产仔数最多的猪种，世界上的许多国家都引入太湖猪与其本国猪种进行杂交，以提高本国猪种的繁殖力。

图1-25　太湖猪哺乳母猪

8. 长白猪有什么生产性能优势？

长白猪原产于丹麦，是世界上第一个育成的分布最广、最著名的瘦肉型品种（图1-26）。在良好的饲养条件下，长白猪5月龄体重可达90千克以上。体重90千克时屠宰率为70%～78%，胴体瘦肉率为55%～63%。母猪性成熟较晚，6月龄达性成熟，10月龄可开始配种。母猪发情周期为21～23天，发情持续期2～3天。初产母猪产仔数在9头以上，经产母猪产仔数在12头以上，60日龄窝重150千克以上。丹麦长白猪生产性能强，遗传性稳定，一般配合力好，杂交效果显著。

公猪

母猪

长白猪全身被毛白色，头小清秀，颜面平直，耳大前倾，体躯长，背微弓，腹平直，腿臀肌肉丰满，四肢健壮，整个体形呈前窄后宽的流线型。有效奶头数6～8对。成年母猪体重300～400千克，成年公猪体重400～500千克。

图1-26　长白猪

9. 大约克夏猪（大白猪）有什么生产性能优势？

大约克夏猪，又叫大白猪，原产于英国，是世界著名的瘦肉型品种（图1-27）。该种猪体格大，体形匀称，全身被毛白色，头颈较长，颜面微凹，耳薄、大（稍向前直立），身腰长，背平直而稍呈弓形，腹平直，胸深广，肋开张，四肢高而强健，肌肉发达。有效奶头数6～7对。成年母猪体重230～350千克，成年公猪体重300～500千克。

公猪　　　　　　　　　　　　　　　母猪

图1-27　大约克夏猪公母猪

大约克夏猪增重速度快，6月龄体重可达100千克以上，体重90千克时屠宰率为71%～73%，胴体瘦肉率为60%～65%。母猪性成熟较晚，一般6月龄达性成熟，10月龄可开始配种。母猪发情周期为20～23天，发情持续期3～4天。初产母猪产仔数在9头以上，经产母猪产仔数在12头以上。

> ➡ 【提示】大白猪体质健壮，适应性强，肉品质好，繁殖性能强。既可以作为父本，也可以作为母本与其他猪种杂交。

10. 杜洛克猪有什么生产性能优势？

杜洛克猪原产于美国，原为脂肪型猪，后选育成瘦肉型品种猪，也是世界四大著名猪种之一，分布范围很广（图1-28）。

杜洛克猪的适应性强，生长发育迅速，饲料转化率和瘦肉率高，容易饲养。成年母猪体重300～390千克，成年公猪体重340～450千克。90千克屠宰时，屠宰率71%～73%，胴体瘦肉率60%～65%。杜洛克猪性成熟较晚，母猪在6～7月龄开始第一次发情，发情周期为21天左右，发情持续期为2～3天。初产母猪产仔数在9头左右，经产母猪产仔数在10头左右。

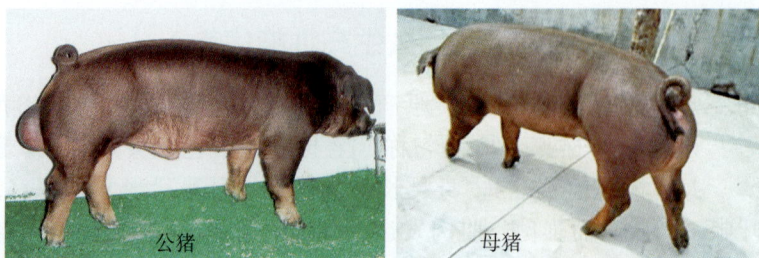

公猪　　　　母猪

杜洛克猪以全身红毛色为突出特征，色泽从金黄色到棕红色，深浅不一。头小清秀，嘴短直，两耳中等大小（略向前倾），颜面稍凹。体躯瘦长，胸宽而深，背略呈弓形，腿臀部肌肉发达丰满，四肢粗壮结实，蹄呈黑色。

图1-28　杜洛克猪公母猪

➡️【提示】因杜洛克猪的繁殖能力不如其他几个国外猪种，故在生产商品猪的杂交中多用作三元杂交的终端父本或二元杂交的父本。

11. 皮特兰猪有什么生产性能优势？

皮特兰猪是由法国的贝叶杂交猪与英国的巴克夏猪进行回交，然后再与英国的大约克夏猪杂交育成的（图1-29）。

公猪　　　　母猪

该种猪毛色呈灰白色，并带有不规则的深黑色斑点，偶尔出现少量棕色毛。头部清秀，颜面平直，嘴大且直，双耳略微向前；体躯呈圆柱形，腹部平行于背部，肩部肌肉丰满，背直而宽大，体长1.5～1.6米。屠宰率76%，瘦肉率可高达70%。

图1-29　皮特兰猪公母猪

在较好的饲养条件下，皮特兰猪生长迅速，6月龄体重可达90～100千克，日增重750克左右。公猪一旦达到性成熟就有较强的性欲，采精调教一般一次就会成功，射精量250～300毫升/次，精子数3亿个/毫升。母猪的母性不亚于我国地方品种，初情期一般在190日龄，发情周期18～21天，窝产仔数10

头左右，窝产活仔数在9头左右，仔猪育成率在92%～98%。

> **【提示】** 皮特兰猪最大的一个缺点，无论是公猪还是母猪，一旦环境温度升高，都很容易产生应激反应。

12. 与"外三元猪"相比，"配套系"猪有哪些生产性能优势？

与"外三元"猪相比，"配套系"猪具有四大优势：

（1）瘦肉率更高　"配套系"猪为65%～70%，"外三元"猪为60%～65%。

（2）繁殖能力更强　"配套系"一胎母猪窝平均产仔12头以上，2年5胎；"外三元"一胎母猪产仔8～9头，1年2胎。

> **【提示】** 农村散养户宜饲养土杂二元母猪（用本地优良母猪与外来优质瘦肉型公猪杂交而得的母猪），规模猪场设施条件较好，饲养外二元母猪（用长白猪与大约克夏猪进行杂交所得的母猪）。

（3）生长周期更短　"配套系"猪长到90～100千克需160天左右，而"外三元"猪则需要170天左右。

（4）成本更低　"配套系"猪每长1千克肉需要消耗2.8千克饲料，而"外三元"猪则消耗饲料3.5千克左右。

13. 选购种猪应注意哪些问题？

（1）做好准备工作　在进猪前1周，对猪舍进行全面清洗、消毒（图1-30），运猪车在前3天清洗消毒。

进猪前2天给猪舍加温，温度控制在26～30℃，湿度小于70%；并准备好种猪料、电解多维、黄芪多糖粉、碳酸氢钠片，以及防腹泻、感冒和应激类的药物等。

图1-30　消毒猪舍

（2）**应了解相关问题**　应了解购猪当地有无疫病流行，猪场有无发病史，是否有种畜禽生产经营许可证，同时要了解猪的饲养方式、防疫情况等。

（3）**种猪应符合品种外貌特征**　从所选种猪的头型大小、耳朵大小、形态、被毛颜色、四肢长短和结实状况等方面，看其是否与其品种外貌相符合。

（4）**无遗传疾患**　主要指生殖器官发育正常，公猪睾丸大小整齐、均匀一致，无阴囊疝、脐疝、隐睾现象；对已经进入繁殖年龄的公猪，要求精液质量良好。母猪不能有瞎奶头，奶头排列应均匀，有7对以上；阴门明显，没有损伤和畸形。

（5）**健康无病**　健康的猪尾巴摇摆自如，精神活泼，粪便成团、松软适中；尾部无黏液，皮毛红润，无红点、红紫斑；食欲旺盛，腹部饱满等。同群中若发现有一头不健康，则全群都不能购买。

（6）**索要手续**　购买种猪必须有猪场出具的各种证明（图1-31）。

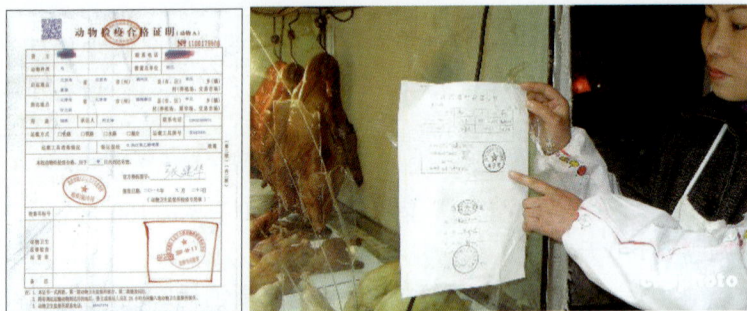

购买种猪必须索要种畜禽合格证明、家畜系谱、当地动物防疫监督机构出具的检疫合格证明（有畜禽标识）、运输车辆消毒证明、非疫区证明，必要时也可索要销售发票。

图1-31　各种证明

（7）**安全运输**（图1-32）

装车前让猪吃饱饮足，途中一般不要补饲；密度不宜过大；运输要平稳，防止颠簸；注意防暑、保暖和通风，尽量缩短运输时间。

图1-32　装车运输

第二章

猪的营养与饲料

14. 养猪为什么要重视营养？

按照猪的饲养标准定时、定量饲喂，可以获得最佳的效果，如生长速度快、日增重高、料重比理想、肉质好等，这就是重视营养的目的。

15. 猪饲料可分为哪几类？

猪的饲料一般分为两大类。一类是按照饲料的来源，分为植物性饲料、动物性饲料和矿物质饲料；另一类是按照饲料特性和营养价值，分为能量饲料、蛋白质饲料、青饲料、青贮饲料、矿物质饲料、维生素饲料和饲料添加剂等。

16. 养猪常用饲料主要有哪些？

养猪常用饲料主要有以下几种（图2-1）：

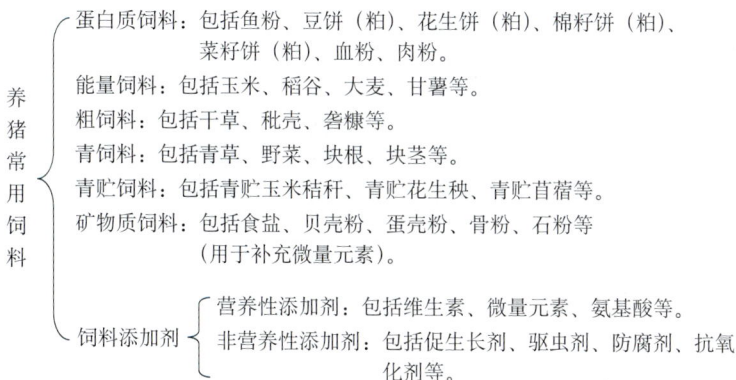

养猪常用饲料

蛋白质饲料：包括鱼粉、豆饼（粕）、花生饼（粕）、棉籽饼（粕）、菜籽饼（粕）、血粉、肉粉。

能量饲料：包括玉米、稻谷、大麦、甘薯等。

粗饲料：包括干草、秕壳、砻糠等。

青饲料：包括青草、野菜、块根、块茎等。

青贮饲料：包括青贮玉米秸秆、青贮花生秧、青贮苜蓿等。

矿物质饲料：包括食盐、贝壳粉、蛋壳粉、骨粉、石粉等（用于补充微量元素）。

饲料添加剂

营养性添加剂：包括维生素、微量元素、氨基酸等。

非营养性添加剂：包括促生长剂、驱虫剂、防腐剂、抗氧化剂等。

图2-1　养猪常用饲料

17. 水对猪的生长繁殖有什么作用？

水是猪体内各组织器官和产品的重要组成成分，体内营养物质的输送、消化、吸收、转化、合成、排泄及体温调节等活动，都需要水分。猪体的3/4是水，初生仔猪的机体水含量最高，可达90%（图2-2）。

猪每天需要饮大量的水，如果缺水量达体重的20%，则会危及生命。要注意饮水卫生（视频1）。

视频1

图2-2　用自动饮水器饮水

　　一般情况下，仔猪出生后至8周龄需水量随着日龄的增加而减少（图2-3），生长育肥猪在用自动饲槽不限量采食、自动饮水器自由饮水条件下，10～22周龄时水料比平均为2.56∶1。非妊娠青年母猪每天饮水约11.5千克，妊娠母猪增加到20千克，哺乳母猪多于20千克。日粮中脂肪和蛋白质多时需水也多，夏季的需水量比冬季多。

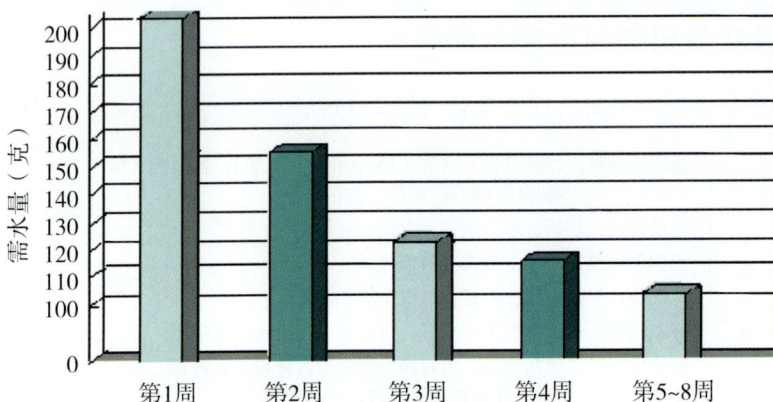

图2-3　哺乳仔猪需水量示意图

18. 蛋白质对猪的生长繁殖有什么作用？

　　组织器官的蛋白质通过新陈代谢不断更新，如精液的生成，卵子的产生，各种消化液、酶、激素和乳汁的分泌，都需要蛋白质。当蛋白质的供给富余，或碳水化合物及脂肪的供应不足时，蛋白质还可产热供能。如果日粮中蛋白质含量太低，猪的生长将受限，体重下降，饲料利用率低，繁殖机能紊乱。

19. 碳水化合物对猪的生长繁殖有什么作用？

碳水化合物进入猪体内经过一系列变化转变成能量，可为猪的各种生命活动提供热能。满足日常能量消耗以后所剩余的碳水化合物，可在猪体内转变成脂肪贮存起来，作为能量贮备（图2-4）。

猪对食入的碳水化合物转变成脂肪的能力很强，大量食入碳水化合物时，体内脂肪的增加速度也很快，故用含碳水化合物多的饲料（如玉米、大米、甘薯、土豆）喂猪，容易转变为体脂肪。

图2-4 猪的脂肪沉积能力很强

碳水化合物包括无氮浸出物和粗纤维两大部分。粗纤维是饲料中较难被消化的一种物质，吸水量大，可起到填充胃肠道的作用，使猪有饱腹感；粗纤维对猪肠道黏膜有一定的刺激作用，可促进胃肠蠕动和粪便排泄，并能提供一定的能量（图2-5）。

一般认为，猪日粮中粗纤维的含量，2月龄以内的仔猪为3%～4%，育肥猪为4%～8%，成年种公猪、哺乳母猪为7%，空怀母猪、妊娠母猪以10%～12%为最宜。

图2-5 猪在农场里吃草

20. 脂肪对猪的生长繁殖有什么作用？

脂肪在猪体内的主要功能是氧化供能。但是猪对脂肪的需要量很少，一般日粮中含有2%～5%即可满足需要。

21. 矿物质对猪的生长繁殖有什么作用？

矿物质参与机体肌肉、神经组织兴奋性调节，维持细胞膜的通透性，保持体液一定的渗透压和酸碱平衡。另外，矿物质还是形成骨骼、血红蛋白、甲状腺素等的重要组成成分，对机体新陈代谢起着重要的作用。

猪所需的矿物质元素有19种，根据其在体内含量的不同，可分为常量矿物质元素和微量矿物质元素（图2-6）。

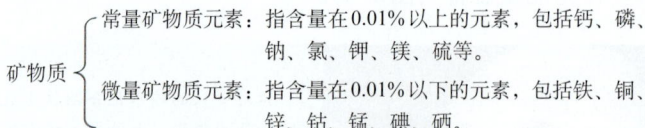

矿物质
- 常量矿物质元素：指含量在0.01%以上的元素，包括钙、磷、钠、氯、钾、镁、硫等。
- 微量矿物质元素：指含量在0.01%以下的元素，包括铁、铜、锌、钴、锰、碘、硒。

图2-6　矿物质元素的组成

22. 猪生长繁殖时所需哪些维生素？

猪所需要的维生素有30多种，根据其溶解性质分为两大类，即脂溶性维生素和水溶性维生素（图2-7）。

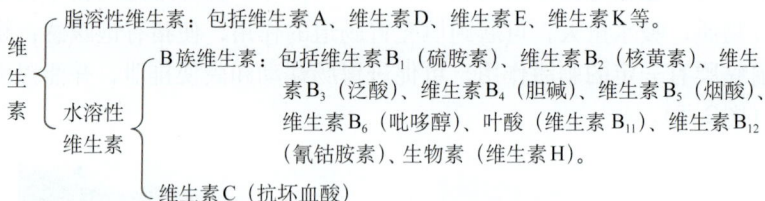

维生素
- 脂溶性维生素：包括维生素A、维生素D、维生素E、维生素K等。
- 水溶性维生素
  - B族维生素：包括维生素B_1（硫胺素）、维生素B_2（核黄素）、维生素B_3（泛酸）、维生素B_4（胆碱）、维生素B_5（烟酸）、维生素B_6（吡哆醇）、叶酸（维生素B_{11}）、维生素B_{12}（氰钴胺素）、生物素（维生素H）。
  - 维生素C（抗坏血酸）

图2-7　维生素的组成

23. 氨基酸对猪的生长繁殖有什么作用？

氨基酸是构成蛋白质的基本单位，是一种含氨基的有机酸，饲料中的蛋白质并不能直接被猪吸收利用，需要在胃蛋白酶和胰蛋白酶的作用下，被分解为氨基酸之后吸收进入血液。

构成蛋白质的氨基酸有20多种，分为必需氨基酸和非必需氨基酸两大类（图2-8）。

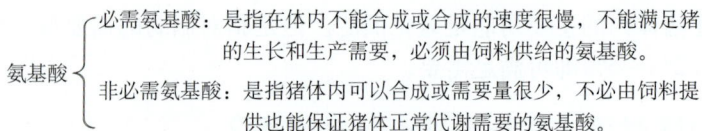

氨基酸
- 必需氨基酸：是指在体内不能合成或合成的速度很慢，不能满足猪的生长和生产需要，必须由饲料供给的氨基酸。
- 非必需氨基酸：是指猪体内可以合成或需要量很少，不必由饲料提供也能保证猪体正常代谢需要的氨基酸。

图2-8　氨基酸的组成

24. 猪生产中常用的能量饲料主要有哪些特点？

（1）玉米（图2-9）

玉米含能量高、含粗纤维少、适口性好。黄玉米中还含有较多的胡萝卜素，但粗蛋白质含量低，品质差，且脂肪内不饱和脂肪酸的含量高，如大量用作育肥猪的饲料，会使脂肪变软，影响肉品质，在日粮中的含量最好不超过50%。

图2-9　玉米

（2）大麦（图2-10）

大麦是谷物类饲料中含蛋白质较高的一种精饲料，粗蛋白质占10%～12%，比玉米略高，赖氨酸含量也较高，是育肥猪的好饲料。但粗纤维含量较多，其消化能相当于玉米的90%。用大麦喂猪可以获得高质量的硬脂胴体。

图2-10　大麦

（3）高粱（图2-11）

高粱的营养价值低于玉米、大麦，籽实中含有单宁，适口性差。母猪采集后易发生便秘，不宜作妊娠母猪的饲料，最好是去壳粉碎或糖化后喂猪。

图2-11　高粱

（4）糠麸类（图2-12）

米糠具有良好的适口性，是各种猪的好饲料。但由于含脂肪较多（约为15%），因此夏季容易氧化变质，不易贮存。在猪日粮中的添加量不宜超过25%，仔猪喂量过多时易引起腹泻。麸皮质地疏松，具有轻泻作用，是产仔母猪的主要精饲料。

图2-12　米糠

(5) 甘薯（山芋、红薯）（图2-13）

甘薯中的干物质含量为29%～30%，饲用价值接近玉米。尤适宜喂猪，生喂、熟喂消化率均较高。但熟喂比生喂效果好。

图2-13 甘薯

(6) 马铃薯（土豆）（图2-14）

含有相当多的淀粉，干物质中含能量超过玉米，粗纤维比甘薯少，蛋白质比甘薯多，且生物学价值较高，含有较多的B族维生素，熟喂效果好。应避免马铃薯受阳光照射，发芽的马铃薯喂前应将芽去掉。

图2-14 马铃薯

(7) 糟渣类 主要有酒糟、醋糟、酱油糟、豆腐渣、粉渣等，营养价值的高低与原料有关。由于这类饲料中都含有某种影响猪生长发育的物质，故应控制饲喂量，一般只能占饲料干物质的10%～20%。

25. 猪生产中常用的蛋白质饲料主要有哪些特点？

(1) 植物性蛋白质饲料 是提供猪蛋白质营养最多的饲料，主要有豆科籽实和饼粕类。其营养特点是蛋白质含量高，一般为30%～60%，氨基酸和其他营养素含量不平衡（表2-1）。

表2-1 各种饼粕的粗蛋白质和其他营养素含量

项目	豆饼（粕）	花生饼（粕）	棉籽饼（粕）	菜籽饼（粕）
含粗蛋白质（%）	42～45	40	30～40	35～40
氨基酸	赖氨酸、色氨酸含量较多，蛋氨酸含量少	赖氨酸、蛋氨酸含量比豆粕低	赖氨酸含量较低，只有豆饼的60%	赖氨酸含量比豆饼低，蛋氨酸含量较高
纤维素	5%，能值较高	6.6%，能值较高	14%，能值较低	10%，能值较低
占日粮比例（%）	15～20	＜10	5～8	15～15

注意：由于棉籽饼中含有棉酚、菜籽饼中含有含硫葡萄糖等有毒物质，故在使用时一定要先经去毒处理。

（2）**动物性蛋白质饲料** 主要有鱼粉、肉粉、蚕蛹、乳类及昆虫等，其营养特点是蛋白质含量高，品质好，不含粗纤维，维生素、矿物质含量丰富（表2-2）。

表2-2 各种动物性蛋白质饲料中的粗蛋白质和其他营养素含量

项目	鱼粉	骨粉	血粉	乳清粉
含粗蛋白质（%）	＞60	30～55	＞80	12
氨基酸	富含较多的必需氨基酸，尤其是富含谷物饲料缺乏的胱氨酸、蛋氨酸和赖氨酸	赖氨酸含量较高，其他氨基酸含量高且平衡	赖氨酸、亮氨酸含量较高，但蛋氨酸、异亮氨酸、色氨酸和甘氨酸含量较低	富含赖氨酸、精氨酸、组氨酸、色氨酸等
维生素	维生素A、维生素D和B族维生素含量丰富	富含维生素A、维生素D和B族维生素	缺乏维生素，如维生素B_2含量很低	维生素B_2、维生素B_3等B族维生素含量很丰富
矿物质	富含钙、磷、锰、铁、碘等	钙、磷、锰含量高	钙、磷含量很低，铁、铜、锌等含铁较高	钙、磷及B族维生素含量丰富
占日粮比例（%）	＜10	10	8～10	哺乳仔猪用

（3）**单细胞蛋白质饲料** 主要包括酵母、真菌、微型藻类和某些原生动物等。目前应用较多的是饲料酵母，如啤酒酵母等。该种饲料的营养特点是：粗蛋白质含量为40%～80%，除蛋氨酸和胱氨酸含量较低外，其他各种氨基酸含量均较丰富，仅低于动物性蛋白质饲料。但饲料酵母有苦味，适口性差，且其品质很不稳定，在猪日粮中的用量一般为2%～5%。

26. 猪生产中常用的粗饲料主要有哪些特点？

凡是干物质中粗纤维含量在18%以上的饲料均属于粗饲料，猪常用的粗饲料主要包括干草、作物秆、秕壳等（图2-15）。

青干草

秕壳

青干草容积大，粗纤维含量高，适口性差，营养价值较低，用时必须粉碎。仔猪和育肥猪的喂量为1%～5%，种猪的喂量为5%～10%。稿秕类饲料粗纤维含量较高（30%以上），蛋白质、无氮浸出物、维生素含量低，适口性差，消化率低，一般不用作猪的饲料，如果使用也不要超过5%。

图2-15 粗饲料

27. 猪生产中常用的矿物质饲料主要有哪些特点？

（1）**食盐**　食盐有改善饲料的适口性、增进猪的食欲、帮助消化等作用（图2-16）。

食盐的喂量如果过大，轻则腹泻，重则中毒，甚至死亡。一般情况下，每头每天最适宜的喂量：大猪为15克，架子猪为8～10克，小猪为5～6克；在日粮配方中，适宜的添加量：生长育肥猪为0.5%，仔猪为0.3%。

图2-16　食盐

（2）**贝壳粉**　由贝壳、蛎壳等粉碎而得，用作钙的补充饲料。贝壳中含钙4%，常用量为1%。

（3）**骨粉**　骨粉是优质的钙、磷补充饲料，分蒸骨粉、生骨粉和骨炭粉3种（图2-17）。

蒸骨粉是用新鲜的兽骨经高压蒸煮、除去有机物后磨成的粉状物，含钙为38.7%、磷为20%；生骨粉为蒸煮非高压处理过的兽骨粉，含有多量的有机物，质地坚硬，易消化，且易于腐败，很少使用。

图2-17　骨粉

（4）**石灰石粉**　石灰石粉是指用球磨机将石灰石加工而成的粉末，含钙在35%以上，并含少量的铁和碘。

28. 用青贮饲料喂猪有什么好处？

（1）**能长年平衡供应青贮饲料**　将旺季生产的青饲料贮存起来，供冬季、早春季饲用，能保证全年青饲料的不断供应。

（2）**青贮饲料营养丰富，适口性好**　青贮饲料被青贮后，柔软湿润，芳香味甜，色泽鲜艳，猪喜欢吃。

(3) **能开发饲料资源范围**　各种作物的青绿茎叶、牧草、蔬菜、野菜等，均可通过青贮用来喂猪，扩大了养猪饲料的来源。

(4) **能节省燃料**　用青饲料养猪的习惯用法是煮熟饲喂，需消耗燃料；而青贮后可以直接喂猪，减少了燃料的费用。

(5) **有助于猪的健康生长**　饲料在青贮过程中产生的乳酸能杀死饲料中的病菌及虫卵，从而减少对猪的危害。

29. 怎样制作青贮饲料？

(1) **建窖**　选择地势较高、土质结实、靠近猪场、远离粪坑的地方建青贮窖，利用砖、石、水泥砌筑或塑料薄膜贴在土窖上。窖的宽度不超过窖的深度，四面呈圆形，上下壁垂直，避免地表水渗入窖内，四周要设置排水沟。青贮窖的大小视猪群大小、青饲料的多少而定（图2-18）。

对饲料进行青贮时，先挖一个青贮池，宽度通常为2.5～3米，深度以不超过3米为宜，内衬上一层塑料薄膜，将切碎的青饲料填满、压实、密封，30天后取用。

图2-18　青贮窖

(2) **原料适时收割和切短**　用于青贮的原料要适时收割。禾本科牧草以孕穗至抽穗期收割，豆科牧草以始花至盛花期收割。收割后晒1～2天，将水分降至60%～70%后切短，一般切成3～5厘米长。但粗的硬料应切得更短些，以便于装填、踩实和取喂。

(3) **装窖**　原料切段后要立即装窖（图2-19）。

装填前先在窖底铺上一层塑料薄膜，再铺上一层稻草。装填时边装边踩，逐层平摊、踩紧，尤其是要踩实窖的边缘，尽可能排出饲料中的空气，造成良好的厌氧环境。也可拌米糠、麦麸、食盐一起青贮。

图2-19　装窖

（4）封窖　当原料装满、充分压紧后应进行封窖（图2-20）。

当原料装满压紧后，在上面盖一层稻草，再铺一层塑料薄膜，然后盖上5～30厘米厚的湿黏土，踩实。封窖3～5天后，原料下沉，要及时用土填补，最后盖土。要求土应高出地面，以免雨水渗入。

图2-20　封窖

（5）开窖　饲料青贮1月左右即可开窖使用。每次取用后，需要用塑料薄膜将窖口封严，每次取出的量应在当天用完。开始饲喂时用量要少，以后逐渐增加。一般情况下，每头猪每天可以饲喂2～5千克。

30. 什么叫饲料添加剂？

为了补充饲料日粮营养成分的不足，防止和延缓饲料变质，改善饲料的适口性，提高饲料利用率，预防猪病，促进猪的正常发育和加速生长，提高产品质量，在饲料中常加入各种有效的微量成分，这些微量成分称饲料添加剂。

31. 养猪常用的饲料添加剂主要有哪些？

饲料添加剂一般分为营养性饲料添加剂和非营养性饲料添加剂两大类。营养性饲料添加剂主要有维生素添加剂、微量元素添加剂和氨基酸添加剂。非营养性饲料添加剂主要有保健助长添加剂、饲料品质保护添加剂、产品品质改良添加剂和新型饲料添加剂等。

32. 营养性饲料添加剂有什么作用？

（1）维生素添加剂　维生素在猪饲料中的添加量虽然很少，但其作用极为重要，主要是维持机体的正常代谢。例如，维生素A主要调节碳水化合物、蛋白质和脂肪的代谢，具有保护皮肤和黏膜等作用；维生素B_2可提高植物性蛋白质的利用率，维生素B_4（胆碱）有防治脂肪肝的作用；维生素C能增加对疾病感染的抵抗力，降低机体的应激反应；维生素D主要调节钙、磷代谢；维生素E具有促进性腺发育和生殖功能；维生素K可促进凝血酶原的形成，具有止血等作用。

（2）微量元素添加剂　微量元素具有调节机体新陈代谢、促进生长发育、改善胴体品质、增强抗病能力和提高饲料转化率等综合功能。

（3）氨基酸添加剂　添加氨基酸的主要作用是弥补饲料中氨基酸的不足，使其他氨基酸得到充分利用，从而节约大量的豆饼（粕）和鱼粉等优质蛋白质饲料，降低饲养成本。

33. 非营养性饲料添加剂有什么作用？

（1）保健助长添加剂　可抑制病原微生物的繁殖，改善猪体内的某些生理过程，提高饲料利用率，增加经济效益。主要包括抗生素类添加剂和各种生长促进剂。

（2）饲料品质保护添加剂　为防止饲料被氧化或变质，通常在饲料中添加些抗氧化剂、防霉防腐剂。目前，经常使用的抗氧化剂主要有二丁基羟基甲苯、维生素C、维生素E等。防霉防腐剂主要有丙酸、丙酸钠和柠檬酸、柠檬酸钠等。

（3）产品品质改良添加剂　在养猪生产中使用的主要是一种促进瘦肉增长的添加剂，以改善猪肉品质，降低饲养成本。

（4）新型饲料添加剂　主要有酶制剂、微生态制剂、中草药制剂、有机酸制剂等。近年来发现和研制成功的新型饲料添加剂还有甜菜碱、麦饭石、稀土和未知因子等。

34. 国内常用的饲料添加剂有哪些？

（1）生长促进剂　包括猪快长、速育精、血多素、肝渣、畜禽乐、肥猪旺等。

（2）微量元素添加剂　这类添加剂含有铜、铁、锌、钴、锰、碘、硒等，添加后生猪日增重一般可提高10%～20%，降低饲料成本8%～10%。

（3）维生素添加剂　包括维生素A、B族维生素、维生素C、维生素D_2、维生素D_3、维生素E、维生素K_3，以及肉猪预混料添加剂、维他胖、泰德维他-80、保健素、强壮素等。

（4）氨基酸添加剂　包括赖氨酸、蛋氨酸、谷氨酸等18种氨基酸，以及禽畜宝、饲料酵母、羽毛粉、蚯蚓粉、饲喂乐等。目前使用最多的有赖氨酸和蛋氨酸等添加剂，日粮中加入0.2%的赖氨酸，猪日增重可以提高10%左右。

（5）抗生素添加剂　包括新霉素、盐霉素、四环素、杆菌素、林可霉素、康泰饲料添加剂及猪宝、保生素等。

（6）驱虫保健饲料添加剂　包括安宝球净、喂宝-34等。

（7）防霉添加剂或饲料保存剂　米糠、鱼粉等精饲料含油脂率高，存放时间久易氧化变质。添加乙氧喹啉等，可防止饲料氧化，添加丙酸、丙酸钠等可防止饲料霉变。

（8）**中草药饲料添加剂** 包括大蒜、艾粉、松针粉、芒硝、党参叶、麦饭石、野山楂、橘皮粉、刺五加、苍术、益母草等。

（9）**缓冲饲料添加剂** 包括碳酸氢钠、碳酸钙、氧化镁、磷酸钙等。

（10）**饲料调味性添加剂** 包括谷氨酸钠、食用氯化钠、枸橼酸、乳糖、麦芽糖、甘草等。

（11）**激素类添加剂** 包括生乳灵、助长素、育肥灵等。

（12）**着色吸附添加剂** 主要有味黄素（如红辣椒、黄玉米面粉等）。

（13）**酸化剂添加剂** 包括柠檬酸、延胡索酸、乳酸、乙酸、盐酸、磷酸及复合酸化剂等。在猪日粮中添加适量的酸化剂，可显著提高猪的日增重，降低饲养成本。

35. 使用饲料添加剂应注意哪些问题？

（1）首先要掌握饲料添加剂的特点、功效、协同或拮抗作用、剂量和用法等，然后根据猪的日龄、体重、健康状况等合理使用。

（2）必须按说明书严格控制剂量，遵守注意事项，不要随意变更。

（3）使用时务必搅拌均匀。

（4）带有维生素的添加剂勿与发酵饲料掺水拌后贮存，勿煮沸食用。

（5）维生素添加剂，加水时水温不得超过60℃，以免高温破坏其有效成分。

（6）注意配伍禁忌。

（7）各种抗生素添加剂应交替使用，以防猪体产生抗药性。

（8）添加剂应科学存放。

饲料添加剂应存放在干燥、阴凉、避光、通风的地方，勿曝晒、受潮。一般贮存期勿超过6个月，最好是现购现用。

36. 猪粪便越黑饲料的消化吸收效果就越好吗？

传统观念认为，猪的粪便颜色黑表明猪对饲料中营养成分的消化吸收比较充分。其实不然，猪的粪便颜色与饲料原料有关。猪吃富含麦麸、菜籽粕、草粉等原料的饲料时粪便较黑。另外，饲料中铜、铁等微量元素含量高时猪也排黑便。

37. 猪皮红毛亮一定是吃了好料吗？

许多人认为"皮红毛亮"是猪健康、生长快的表现。实际上养猪过程中如果使用有机微量元素，就可以有效促进猪的健康生长，充分发挥猪的生产潜能，达到以上效果。例如，增加锌含量也能通过酶的作用，促使猪的上皮组织完整性得到改善，进而使皮毛色泽改变，毛色发亮。另外，仔猪补铁补硒后也会皮红毛亮，体壮贪长，增重显著，而且所用药剂成本不高。

> ➡ 【提示】出于环保的需要，我国已经出台了限制"有机胂"使用的政策。中华人民共和国环境保护部于2008年将有机胂饲料添加剂纳入第一批"高污染、高环境风险"产品名录中。

38. 生产绿色猪肉对饲料添加剂有哪些要求？

绿色猪肉是指按特定生产方式生产，不含对人体健康有害的物质，经有关主管部门严格检测合格，并经专门机构认定、许可使用"绿色食品"标志的猪肉。因此，生产绿色猪肉要求所使用的饲料添加剂必须符合有关标准。同时还应遵守的准则有：优先使用绿色食品生产资料的饲料类产品，至少90%的饲料来源于已认定的绿色食品产品及其副产品，其他饲料原料可以是达到绿色食品标准的产品；禁止使用动物性饲料添加剂，禁止使用工业合成的油脂，禁止使用激素类、安眠镇静类药品；营养性饲料添加剂的使用量应符合国家有关规定的营养需要量等。

39. 养猪中使用益生素有哪些好处？

（1）可产生乳酸，降低肠道pH，保持肠道内微生物群正常化，预防或治疗腹泻。

（2）可产生过氧化氢及天然的抗菌物质，能抑制和杀灭有害微生物。

（3）可产生淀粉分解酶、蛋白分解酶等多种消化酶及B族维生素，增加血液中的钙、镁等矿物质元素的吸收利用效率，促进猪的生长。

（4）可减少有害物质的生成，降低肠内粪便及血液中的氨气含量。

40. 市售商品饲料有哪些？

主要有配合饲料、浓缩饲料、添加剂预混合饲料等几种。

41. 用配合饲料养猪有什么好处？

（1）促进生长。
（2）能合理利用各种饲料资源。
（3）预防营养不足。
（4）降低成本，提高经济效益。

42. 配合日粮时应遵循哪些基本原则？

（1）**选用适合的饲养标准** 应根据猪的品种、年龄、生长发育阶段及生产目的和水平，选用适当的饲养标准，确定营养需要量。

（2）**饲料品种多样化，搭配合理** 要充分利用当地饲料资源，力求饲料品种多样化。

（3）**保证饲料品质，注意适口性** 要求饲料无毒害、不霉烂变质、不苦涩、无污染、无砂石杂质等，适口性好。

（4）**注意日粮体积，控制粗纤维含量** 要注意饲料干物质含量，使饲料的体积与猪的消化道容积相适应，保证猪既能吃得下、吃得饱，又能满足营养需要。应根据猪的消化生理特点，按饲料标准的限量，有区别地控制饲料中的粗纤维含量，仔猪不超过4%，生长育肥猪不超过8%，种公猪、种母猪不超过12%。

（5）**饲料要相对稳定，配合要均匀** 改变饲料种类或比例要缓慢进行，饲料配制时要均匀。

（6）**要考虑经济原则** 在满足猪营养需要的前提下，应尽量选用价格低廉、来源广泛的饲料。

43. 颗粒饲料是干喂好还是水泡后饲喂好？

颗粒饲料喂猪时一般不宜加水，因为其是配合粉料熟化后经颗粒饲料机压制而成。另外，颗粒饲料干喂具有适口性好、消化率高、便于投食、损耗小、不易发霉等优点。因此，颗粒饲料以干喂为宜（图2-21）。

颗粒饲料如果用水泡后，尤其是加水过多，猪食入后，不利于消化、吸收。另外，水泡后还会引起水溶性维生素丢失。

图2-21 颗粒饲料不宜用水泡后饲喂

44. 什么叫饲养标准？

根据猪的不同性别、年龄、体重、生产目的和水平，以生产实践中积累的经验为基础，结合能量和物质代谢试验和饲养试验结果，科学地规定一头猪每天应该给予的能量和营养物质的量，这种规定称为饲养标准。包括日粮标准和每千克饲粮养分含量标准。

45. 农家自配饲料应注意哪些问题？

（1）原料选择要合理　原料品种要多样化，以6种以上为宜。原料适口性要好，并注意因地制宜，选用营养成分高、价格便宜、来源有保障的原料。另外，所选原料的体积应与生猪消化道容积相适应。

（2）加工调制要合理　玉米、稻谷等籽实料要粉碎，豆类、棉籽饼均要煮沸，菜籽饼要去掉芥酸等。

（3）混合要均匀　各种原料按照配比称好后，先把玉米、麸糠、饼类等数量多的基础料混合均匀，再加入含量少的其他原料并混合均匀。

（4）存放管理要科学　遵循随配随用的原则，配好的饲料不宜长期保存。一般夏季存放20天左右，冬、春季节可稍长一些。存放时要注意室内通风、透光、干燥，做到无毒、无鼠害、无污染。

46. 饲料多样化有什么好处？

猪在生长发育和繁殖中需要各种营养物质，但单一化的日粮往往导致营养不全面，必须多种饲料搭配饲喂。例如，只用玉米面喂猪，其蛋白质的利用率为51%，只用骨粉喂猪的则为41%。如果将2份玉米和1份骨粉混合，则蛋白质利用率可提高到61%。

47. 怎样识别伪劣饲料？

一般通过感官鉴定，即"一看、二闻、三摸、四听、五尝"。
一看（图2-22）。

通过视觉观察饲料颗粒的大小、形状，混合是否均匀，色泽是否一致，有无霉变、结块、虫蛀及异物等。

图2-22　通过视觉识别饲料

二闻（图2-23）。

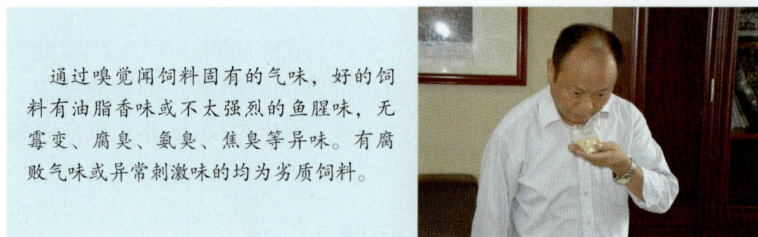

通过嗅觉闻饲料固有的气味，好的饲料有油脂香味或不太强烈的鱼腥味，无霉变、腐臭、氨臭、焦臭等异味。有腐败气味或异常刺激味的均为劣质饲料。

图2-23　通过嗅觉识别饲料

三摸（图2-24）。

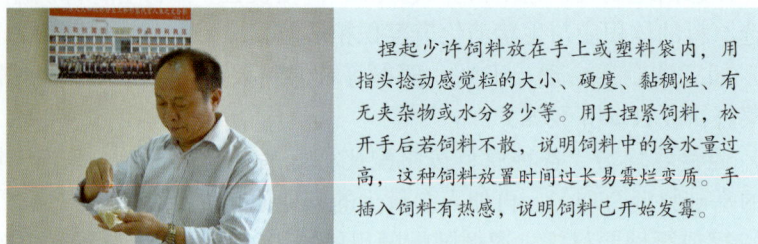

捏起少许饲料放在手上或塑料袋内，用指头捻动感觉粒的大小、硬度、黏稠性、有无夹杂物或水分多少等。用手捏紧饲料，松开手后若饲料不散，说明饲料中的含水量过高，这种饲料放置时间过长易霉烂变质。手插入饲料有热感，说明饲料已开始发霉。

图2-24　通过触觉识别饲料

四听（图2-25）。

将手插进饲料中搅动，听其声音。若发出类似金属振动的声音，说明饲料干燥，含水量过高的饲料搅动时无此声音。

图2-25　通过听觉识别饲料

五尝（图2-26）。

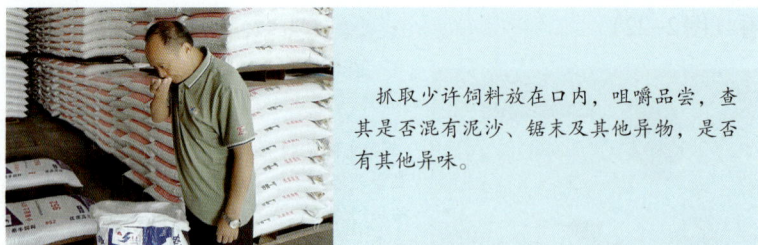

抓取少许饲料放在口内，咀嚼品尝，查其是否混有泥沙、锯末及其他异物，是否有其他异味。

图2-26　通过味觉识别饲料

48. 怎样鉴别鱼粉的质量？

（1）**查袋法** 检查包装袋上的缝线是否有被拆开的痕迹，如有则可疑似为假鱼粉。

（2）**闻味法** 正常鱼粉有纯正的海鲜或鱼腥味，假鱼粉则有氨味或刺激性气味。

（3）**闻烟味** 燃烧鱼粉闻其气味，质量好的鱼粉具有头发丝烧焦的气味，假的有谷物芳香味。

（4）**外观法** 纯正鱼粉颗粒大小均匀，可看到鱼肉纤维，且多呈黄白色或棕色，手捻松软；假鱼粉磨得很细，呈粉末状，色较深。

（5）**水浸法** 将鱼粉与水按 1∶5 的比例放入烧杯内，如有沉淀或漂浮物则多为假鱼粉，真鱼粉无此现象。

（6）**碱溶解反应** 将鱼粉放入 10% 的氢氧化钠溶液内并煮沸，溶解的为真鱼粉，不溶解的为假鱼粉。

（7）**石蕊试纸法** 燃烧鱼粉，用石蕊试纸测定，试纸颜色变为红色的是假鱼粉。

（8）**加热法** 在杯内放入 30 克的鱼粉、10～15 克的大豆粉及适量的水，加热 15 分钟，如有氨味则为假鱼粉。

（9）**酒浸法** 先将鱼粉用白酒浸泡 15～20 分钟，然后滴入 1～2 滴浓盐酸，如发生反应并出现深红色则为假鱼粉。

> **【提示】** 全世界的鱼粉生产国主要有秘鲁、智利、日本、丹麦、美国、挪威等，其中秘鲁与智利的出口量约占世界总贸易量的 70%。

49. 如何选择市售的猪用饲料品种？

一般来说，应尽量选择一些正规厂家生产的产品。如果能做饲喂对比试验，通过性价比对照选择，则更能判断饲料品质。

50. 用发酵饲料喂猪有什么好处？

（1）改善饲料的适口性，刺激猪的采食量。

（2）有益于猪肠道健康。

（3）增强猪的免疫力。

（4）改善肉质。

（5）改善饲养环境。

51. 如何制作和使用发酵饲料喂猪？

如果想要猪少得病，生长良好，管理方便；母猪繁殖正常，产仔多，奶水充足，断奶正常，则可以考虑制作一部分发酵饲料。其制作方法是：取100千克市场上购买的配合饲料，或自己配制的全价饲料，加入1包粗饲料降解剂，然后用适量清水（冬季加80千克清水，夏季加120千克清水），搅拌混合均匀，装入发酵容器中，压实压紧，并用无破损的厚塑料薄膜覆盖包边密封，进行发酵处理。一般冬季发酵15天以上、夏季发酵5天以上可使用，使用时以5%～10%的比例添加于日粮中。

52. 用豆饼喂猪时应注意哪些问题？

（1）**饲喂量不宜过多** 豆饼中含有的有害物质，如抗胰蛋白酶、皂素、血凝素等会影响蛋白质的吸收，喂多容易引起腹泻，一般以占猪日粮的10%～20%为宜。

（2）**配合其他饲料饲喂** 豆饼中蛋氨酸的含量较低，与鱼粉、苜蓿草粉混合后喂猪效果更佳。

（3）**煮熟或炒熟后饲喂** 生豆饼特别是豆粕中含有一些不良物质，经加热处理后可除去这些有害物质，加热温度一般以100～110℃为宜。

（4）**注意贮存** 应存放在干燥、通风、避光之处。

53. 怎样用玉米喂猪？

使用玉米喂猪时，一定要选择水分含量低、无霉变的玉米。刚收获的新玉米要放置2个月后才可使用，因为其含有一种可溶性淀粉，仔猪食后容易发生腹泻。玉米粉碎后一般要在5天内全部给猪喂，以免其吸收水分后发生霉变。用自拌料粉料喂猪时，要采取湿拌料的方式饲喂，不宜干喂（图2-27、图2-28）。

干粉料不宜采取干喂，干喂时不仅会造成浪费，有时猪会将粉尘吸入呼吸道，引起咳嗽或炎症。

图2-27 干粉料不宜干喂

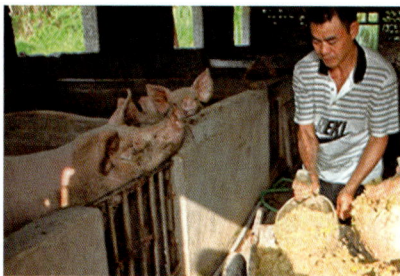

干粉料宜采取湿拌料饲喂，即1千克料加1.5千克水浸泡30～40分钟。在料被泡软而无水、手抓起松散而不成团时喂猪不浪费，料重比能降低0.3以上。

图2-28　干粉料宜湿拌喂

54. 怎样用酒糟喂猪？

（1）仔猪及妊娠后期和哺乳母猪不宜多喂，以免引起仔猪腹泻，母猪流产，产死胎、怪胎、弱胎等不良后果。

（2）要控制喂量，一般新鲜酒糟的喂量不宜超过25%，干酒糟的喂量应控制在10%以下，以免出现便秘。

（3）不能直接用来喂猪，喂前要加热，以使酒精蒸发。

（4）喂一段时间后停喂7～10天再喂，以防猪出现慢性酒精中毒。

（5）喂不完的酒糟应在窖中或水泥地面彻底踩实保存，表层发霉、结块、变质的部分应弃掉。

55. 用鸭血粉喂猪有什么营养价值？

鸭血粉中的蛋白质含量较高（80%左右），富含赖氨酸、色氨酸等，但缺乏异亮氨酸，矿物质含量较少，但铁的含量却较高。用屠宰鸭凝血块经高温、压榨、干燥等工艺制成的血粉溶解性差，消化率低（70%左右）；而直接将血液于真空蒸馏器中干燥所制成的血粉溶解性较好，消化率可达96%。但血粉的适口性较差，一般用量应控制在5%以内，过多可能引起腹泻。

56. 用豆腐渣喂猪时应注意哪些问题？

（1）不能生喂　生豆腐渣中含有抗胰蛋白酶，易阻碍猪对蛋白质的消化和吸收。

（2）喂量不宜过多　豆腐渣内含有丰富的蛋白质，如果喂量过多，则易引起猪消化不良，一般以不超过饲料总量的1/3为宜。

（3）搭配其他饲料混喂　豆腐渣中缺少维生素和矿物质，饲喂时必须搭配一定含量的大麦、玉米等精饲料。

（4）冰冻豆腐渣不能直接喂猪　用冰冻豆腐渣直接喂猪，易引起猪的消化机能紊乱，一般应解冻后饲喂。

（5）**酸败的豆腐渣不能喂猪**　鲜豆腐渣内含水分较多，易酸败变质。因此，用豆腐渣喂猪时，应尽量使用新鲜、无酸败的豆腐渣。

57. 养猪为什么要经常喂食盐？

食盐的主要成分是钠和氯，对维持渗透压的稳定、体细胞的正常兴奋和神经冲动的传递起着非常重要的作用。另外，食盐还具有刺激唾液分泌、增强消化酶活性、促进食欲的作用。如果饲料中的钠、氯供应不足，则猪的正常生理机能会受到影响。食盐的供给量，以占风干饲粮的比例计算，一般仔猪为0.25%、生长猪为0.3%、妊娠母猪为0.4%、哺乳母猪为0.5%。若食盐供给量过多，则易造成猪食盐中毒。

58. 怎样用蚯蚓喂猪？

蚯蚓是一种高蛋白质饲料，将蚯蚓做成蚯蚓粉喂猪，能收到较好的效果。

蚯蚓粉的制作方法：将活蚯蚓用清水漂洗干净，焯烫均匀（置沸水中烫1～2分钟），经过摊凉、晒干、捣碎、粉碎、过筛后用塑料袋包装，防潮备用。一般4.5～5千克的鲜蚯蚓可制出1千克蚯蚓粉，体重在25千克以下的猪日喂10克，25～50千克的猪日喂25克，50千克以上的猪日喂50克。每天1次，一般喂量不得超过日粮的8%。

59. 怎样用棉籽饼喂猪？

棉籽饼是棉籽榨油后的副产品，其营养价值较高。但因含有毒物质棉酚，因此必须经过去毒处理。

（1）**去毒方法**

①煮沸法。将粉碎的棉籽饼，用温水浸泡8～10小时后倒掉浸泡液，加适量的水（以浸没棉籽饼为宜）煮沸1小时。边煮边搅拌，冷却后即可饲喂。

②碱水浸泡法。用5%石灰水或2.5%草木灰或碳酸氢钠溶液浸泡24小时，倾去浸泡液，用清水洗滤3遍后即可饲喂。

③硫酸亚铁溶液浸泡法。将棉籽饼用1%硫酸亚铁溶液浸泡24小时，去除浸泡液后可直接饲喂。

（2）**饲喂方法**　指将棉籽饼与豆饼等量配合使用，或棉籽饼与动物性蛋白质饲料混合饲喂。棉籽饼的用量，母猪不宜超过日粮的5%，生长育肥猪不超过10%，妊娠母猪、仔猪和种猪尽可能少喂，最好不喂。一般喂1个月停1个月，或喂半个月停半个月。

60. 怎样用松针粉喂猪？

松针粉含有粗蛋白质7%～12%、脂肪7%，并含有胡萝卜素及17种以上氨基酸。加工好的松针粉，一般按3%～5%添加量拌入饲料喂猪。松针粉的制作方法步骤：

(1) 采集 四季均可，以秋、冬两季采集最适宜。所采松针叶应保持特有的绿色和松针香味，不能掺杂霉烂变质和发黄的枝叶。

(2) 干燥 将松针叶摊放在水泥地或竹帘上，厚度为3～5厘米，自然干燥5～7天后其重量约为鲜品的一半，当含水量低于12%时即可粉碎备用。

(3) 粉碎 干燥后的松针叶用饲料粉碎机碾碎成粉，粒度控制在1.2毫米以下，即为成品。

(4) 包装 用尼龙袋或塑料袋包装，可保存较长时间。

(5) 贮存 贮存于避光、通风、干燥、阴凉、清洁的房舍内。地面最好用木架垫高，以防受潮发霉。若自家使用，宜随制随用或进行短期贮存。

61. 发霉饲料的去毒方法有哪几种？

(1) 水洗法 将发霉的饲料放入缸中，加清水（最好是开水）泡开，并用木棒充分搅拌，如此反复清洗5～6次后便可用来喂猪。

(2) 蒸煮法 将发霉的饲料放在锅中，加水煮沸30分钟或蒸1小时去掉水分即可喂猪。

(3) 石灰水法 将发霉的饲料放入10%的纯净石灰水中浸泡3天，再用清水漂洗干净，晒干后即可饲用。

(4) 氨水法 将发霉饲料中的含水量调至15%～22%，装入缸中，通入氨气，密封12～15天，再将其晒干，即可饲用。

(5) 脱霉剂法 购买脱霉剂，按照使用说明在饲料中添加，也能达到较好的去毒效果。

> ➡ 【提示】发霉的饲料最好不要喂猪，尤其是不要喂仔猪和母猪。

62. 无公害生猪生产的关键环节有哪些？

(1) 科学饲养模式控制，确保生猪种质优良 基地采取种养结合、自繁自养、全进全出的饲养方式，并按无公害饲养标准对水质进行检测。

(2) 开展疫病检测 对生猪养殖基地开展重大人兽共患病检测，净化基地环境。

（3）开展饲料及饲料添加剂质量监控　对饲料原料、饲料、饲料预混料及用水质量进行检测，实行饲料原料、饲料预混料的质量控制和定点生产供应，严禁超量、不合理添加兽药及饲料添加剂，全面执行宰前15～20天的停药制度。

（4）违禁高残留兽药控制　严格禁用国家规定的违禁药物。对基地开展不定期抽样检测，出栏前对治疗过的生猪实行隔离饲养。

（5）严格执行屠宰环节兽医卫生检疫　对生猪实施机械化单独规范屠宰，对生猪旋毛虫、猪囊虫等实施逐头检验，以剔除病害生猪，对屠宰加工环节的生产环境卫生进行检验检测。

（6）开展屠宰环节安全指标检疫　重点抽取肌肉、肝脏、尿样对兽药、重金属等的残留及有害微生物的污染情况进行检验。

（7）屠宰加工运输环节进行冷链配送　屠宰后胴体实行0℃预冷，预冷后的胴体通过封闭悬挂式空调专用车配送到超市，以确保胴体在运输过程中不混杂、不挤压、不污染、不变质。

（8）销售点环节进行质量控制　包括猪肉销售点储藏冷柜配备，分割操作间及操作刀具卫生，包装材料质量控制，销售点灭蝇、灭鼠措施的完善，操作人员健康登记检查等。

（9）市场肉品质量监督机制　重点对违禁药物、致病微生物及重金属等开展检测。

（10）生产环节质量控制措施落实　在养殖、屠宰、加工、运输、销售过程，建立严格的生产、用药、出栏、检验、检疫等台账目录，并严格归档保存。另外，还要加强无公害猪肉标志的使用和管理（图2-29）。

图2-29　农产品质量标识

63. 无抗养猪技术的推广及应用要求有哪些？

无抗养猪，就是养殖时不在饲料中长期添加抗生素、激素及其他外源性药物，以达到保健或促生长为目的一种养猪技术。

　　进行无抗养猪，主要从猪的品种、营养、环境、生物安全和饲养管理等环节着手，完善系统管控，提高猪群的抗病力，合理使用药物来治疗某些疾病，最终生产出合格、安全、无抗生素残留的猪肉（图2-30）。

　　通过无抗饲料认证的企业，将获准使用无抗认证标识，可向社会公示，表明自身产品无抗生素添加，是向社会、养殖户、消费者宣传企业优势的有力证据。

图2-30　无抗产品认证标识

　　【提示】农业农村部发布第194号公告，要求自2020年7月1日起，饲料中禁止添加抗生素，彻底解决饲料中抗生素滥用的问题，从而促进无抗养殖农业的健康发展。

第三章

猪的繁殖与杂交

64. 后备母猪有何生长特点？

母猪从4月龄到配种前称为后备母猪。小母猪在4月龄以前，相对生长速度和骨骼生长速度最快，4月龄以后逐渐减慢，4~7月龄肌肉生长速度快，6月龄以后体内开始沉积脂肪（图3-1）。凡是生长速度快的小母猪，其繁殖能力就强。

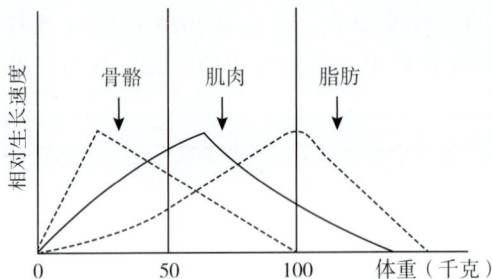

骨骼　肌肉　脂肪

相对生长速度

0　50　100　体重（千克）

猪的体组织生长在不同时期和不同阶段各有侧重。一般来说，骨骼最先发育，且最先停止；肌肉居中；脂肪在生长前期增长速度很慢，后期则加快。

图3-1　猪体组织生长示意图

65. 怎样选留后备母猪？

（1）父母本的选择　育种猪场要从核心母猪与优秀公猪的后代中挑选，商品猪场中的父母本也必须是血统清楚的优秀公、母猪的后代（图3-2）。

选留后备母猪应从优良母猪的后代中挑选，要求种母猪产仔多，哺乳力强，母性好，且产仔两窝以上，窝产仔猪头数多，初生体重大。

图3-2　从优良的母猪后代中选择后备母猪

（2）**仔猪出生季节的选择** 选留后备母猪一般多在春季，因为春季气候温和，阳光充足，青饲料容易解决，好饲养，在8～9月龄时体重、月龄均可达到配种要求，体况、体质和生理机能均已成熟，能及时参加配种。

（3）**仔猪的选择** 仔猪出生后，从哺乳期开始注意挑选较重、生长发育好、增重速度快、体质强壮、断奶体重大、有效奶头数不少于14个且排列整齐、均匀、无瞎奶头及外形无重大缺陷的小母猪，选留头数应是选留猪数的2.5～3倍。后备母猪从断奶到初次配种，根据不同生长发育特点，一般要进行4次筛选，才能将优异个体选留下来（图3-3）。

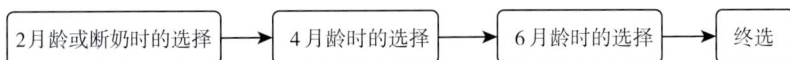

2月龄或断奶时的选择 → 4月龄时的选择 → 6月龄时的选择 → 终选

图3-3 后备母猪的选择程序

（4）**终选** 仔猪断奶后，公、母猪分开饲养，直到小母猪体重达到65千克左右时依据其父母本的性能，再参考个体发育情况，从同窝仔猪中挑选长得最快、个体大、无缺陷的留作种用（图3-4）。选留的后备母猪初次生产后，还要根据其繁殖情况再进行一次选择，选优淘劣。

选留的小母猪按5～10头分组饲养，并在10天内每天将成年公猪放入小母猪群中20分钟，凡是在18～24天发情，且征兆明显，四肢、奶头、生长速度和背膘厚度等指标均符合本品种特征的，可鉴定为合格的小母猪，在其第三次发情时可进行配种。

图3-4 后备母猪的终选

66. 怎样管理后备母猪？

在饲养上，当后备母猪体重达到50千克以上时要采取限制饲喂的方法，以免腹部下垂和过于肥胖（图3-5）。

在管理上，要做到以下几点：

（1）**适当运动** 适当运动既可促进骨骼和肌肉的正常发育，又可增强体质和性活动能力，防止发情失常和寡产（图3-6）。

（2）**及时淘汰** 不符合种用要求的初选后备母猪应及时淘汰。

（3）**做好卫生防疫工作** 保持栏舍清洁卫生，做好各种疾病的预防工作。

要控制后备母猪的喂量，每天饲喂3餐，饲喂量早晨为35%、中午为25%、下午为40%，并随仔猪的增重、采食量及粪便形状的变化逐渐增加母猪的喂量。

图3-5 控制后备母猪的喂量

后备母猪每天都应适当运动1～2小时。可在运动场运动，也可以放牧或在道路上驱赶运动，每天上午和下午各运动1次。放牧可使后备母猪充分接触土壤，并采食青草、野菜，补充营养。

图3-6 后备母猪每天在场内运动

（4）**掌握初配年龄** 为了提高繁殖率，必须掌握后备母猪的初配年龄，摸清每头母猪的发情规律，适时配种（表3-1）。

表3-1 公、母猪达到性成熟时的年龄和体重

品种	年龄（月）		体重（千克）	
	公猪	母猪	公猪	母猪
地方猪种	2～3	3～4	40～70	30～40
培育和引进猪种	4～5	5～6	70～90	60～80

67. 后备母猪从什么时候开始配种？

本地猪品种，一般在生后的3～4月龄开始发情；从国外引入及我国培育的品种，一般在生后的4～5月龄开始发情。一般来说，在母猪的第三个发情期配种最为适宜，因为此时的小母猪体重已达成年猪体重的50%左右（图3-7）。

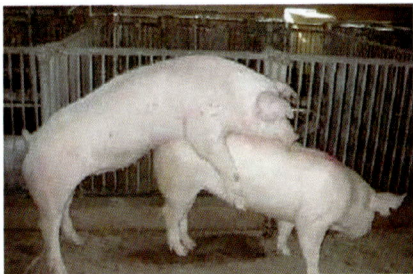

一般认为，地方品种猪应在生后的 6～8 月龄、体重为 60～70 千克及以上；从国外引入品种、我国培育的品种和杂交品种应在生后 8～10 月龄，体重达 80～100 千克及以上时开始配种。

图3-7　发情的母猪爬跨其他母猪

68. 什么叫性成熟和体成熟？

性成熟是指青年公猪开始产生精子，青年母猪出现发情、排卵、有性欲要求，此时如配种即可繁殖后代。猪达到性成熟后，其身体仍处在生长发育阶段，经过一段时间后才能达到体成熟。性成熟只表明生殖器官开始具有正常的生殖机能，并不意味着身体发育完全，一般应在达到或接近体成熟时配种最好。

69. 母猪为什么能发情？

母猪性成熟以后，卵巢开始产生卵子（卵泡）。大脑皮层受到光线、温度、饲料和公猪等外界因素的刺激后，脑垂体分泌一种促进卵泡成熟的激素。在卵泡成熟的过程中，卵泡分泌的动情素刺激大脑皮层的性中枢后激发母猪发情。

70. 母猪发情时有何征兆和规律？

母猪从上次发情开始到下次发情开始的一段时间，称为发情周期，一般为 18～24 天，平均为 21 天。

母猪发情特征有个体差异，其一般特征是：首先是阴门潮红、肿胀，其红肿程度有轻有重，白毛猪较明显，黑毛猪不明显。同时，食欲减退，采食明显减少，精神兴奋，躁动不安。随着阴门的肿胀加重，从阴道逐渐流出黏液，但黏液较稀，这时母猪不让公猪爬跨。此阶段称为发情前期，持续 1～2 天，接下来进入发情中期。到了发情后期，母猪阴门逐渐消肿，压背反射消失，也不再接受公猪爬跨，食欲也逐渐趋于正常。

母猪发情的持续时间，随品种、年龄、个体不同而有差异，一般为 3～4 天。发情时间后备母猪比经产母猪长，壮年母猪比老年母猪长，地方品种比国外品种及培育品种长。如果母猪在发情期间不配种或配而不孕，那么在下一个发情周期还会发情。哺乳仔猪断奶后，多数母猪在 3～10 天内又会发情；少数母猪也会在哺乳期间发情，但症状不太明显，也不适宜配种。

进入发情中期的母猪食欲进一步下降，有的母猪根本就不采食，在圈内起卧不安，频频排尿，常互相爬跨、爬圈墙（图3-8）等，喜欢公猪爬跨。如用手或木棍按压母猪腰部，则其往往呆立不动，这称为"压背反射"，这时阴道黏液也变得非常浓稠。

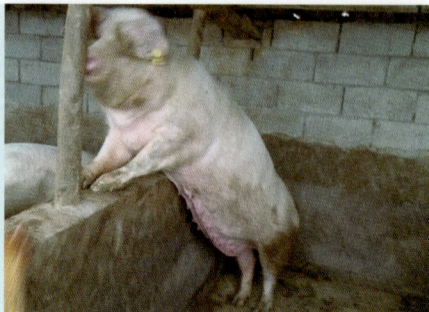

图3-8　发情母猪爬圈墙

71. 发情母猪在什么时候配种最为适宜？

为给发情母猪适时配种，比较实用而准确的办法是掌握母猪发情后的表征，根据表征选择配种时机，可归纳为"四看"。

一看阴户（图3-9）。

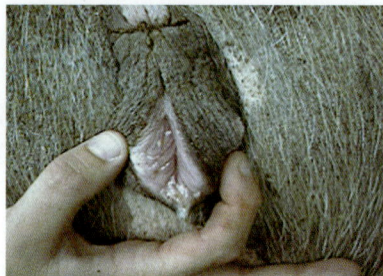

发情母猪阴户由充血红肿变为紫红暗淡，肿胀开始消退，出现皱纹。

图3-9　适配期母猪的阴户变化

二看黏液。适配期母猪从阴门流出浓浊的黏液，往往粘有垫草。

三看表情。适配母猪目光呆滞，喜伏卧（图3-10）。

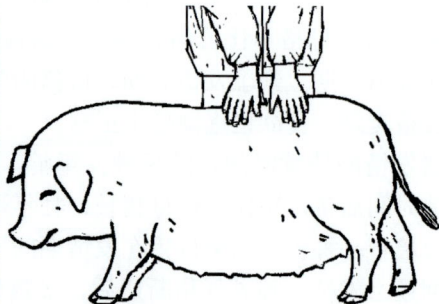

用双手按压背部，则母猪呆立不动（又称静止反射）；用手推按臀部，则母猪不拒绝，反而向人手方向靠拢。此时给母猪配种，则受胎率最高。

图3-10　发情适配期母猪出现静止反射

四看年龄。俗话说，"老配早，少配晚，不老不少配中间"，即老龄母猪发情期持续期短，当天发情下午配种；后备母猪（年龄小）发情期较长，一般于第3天配种；中年母猪（经产母猪）宜在第2天配种。只要掌握配种时机，一般配种一次即可。但为了确保受胎率，增加产仔数，通常进行重复配种，即用同一头公猪，隔8～12小时再交配一次。

对于个别母猪，特别是引进品种（如长白猪），有时往往看不出任何明显的发情表征，常常造成失配空怀，影响繁殖。因此，必须认真查情。

72. 个别母猪为什么不发情或屡配不孕？

（1）**母猪过瘦**　母猪机体消瘦时，缺乏繁殖所需的营养，正常的生理活动受到影响，故而长久不发情。

（2）**母猪过肥**　母猪机体过肥时，卵巢及其生殖器官被脂肪包埋，排卵减少或不排卵，常见于后备母猪、哺育仔猪过少的母猪和长期未妊娠的母猪（图3-11）。

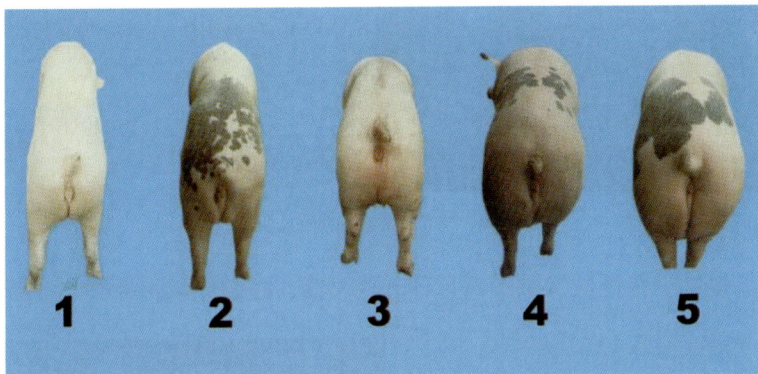

能繁母猪不能过瘦或过肥，以控制在七八成膘为宜。一般断奶后的母猪和后备母猪发情配种期，不能低于七层膘，临产期母猪不要超过八层膘。图3-11中第3头母猪的膘情适宜。

图3-11　不同膘情的母猪

（3）**母猪生殖器官有病态**　母猪生殖器官有炎症或发育不全及异常等都会出现不孕。

（4）**公猪的精液质量差**　公猪的精液量少、死精多、质量差也会造成母猪不孕。

73. 母猪的发情率为什么在夏季较低？

猪虽然是无季节性发情动物，但在夏季发情表现不明显，配种的受胎率也较低。

夏季如果给予含3%脂肪水平的饲料，仔猪断奶后10天发情的母猪仅占34%，喂给10%脂肪水平饲料的母猪则比3%脂肪水平饲料的母猪发情早。哺乳期母猪每天摄入66.90兆焦消化能，在仔猪断奶后5天即可发情；摄入50.21兆焦消化能，则需要6～10天发情；摄入33.47兆焦消化能的母猪则至少要25天才可发情。

74. 促进母猪正常发情和排卵的方法有哪些？

（1）**用试情公猪诱导**　此法可刺激母猪发情并排卵（图3-12）。

用试情公猪追逐久不发情的母猪，或把公猪和母猪关在同一栏内，可刺激母猪发情并排卵。

图3-12　用试情公猪诱导母猪发情

（2）**控制仔猪吃乳次数**　将母仔分栏关养，控制仔猪吃乳次数（图3-13）。

母仔分栏关养时，一般3周龄仔猪间隔4小时哺乳1次，1月龄仔猪间隔6～8小时哺乳1次，间隔哺乳6～9天后母猪就可以发情配种。

图3-13　母仔分栏控制哺乳时间

（3）**将仔猪并窝饲养**　把产仔数少的母猪所产仔猪全部寄养给其他母猪，这些产仔数少的母猪不再哺乳，就可以很快发情配种。

（4）**仔猪提早断奶**　此方法也可让母猪尽早发情（图3-14）。

仔猪7～10日龄时开始诱食教槽料，使其25日龄时进入旺食期，28日龄左右断奶。

图3-14　提早断奶仔猪采食

（5）按摩母猪乳房　空怀母猪或后备母猪在早晨喂料后，使其侧卧在地面上，饲养人员整个手掌由前往后反复按摩母猪乳房，以母猪乳房皮肤微显红色及按摩者手掌有轻微发热时为度（图3-15）。

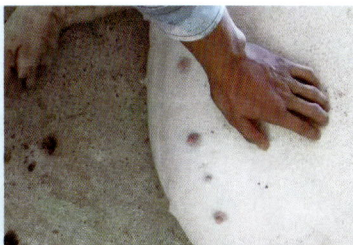

一般需按摩10分钟，每天1次。待母猪有发情征象后，饲养人员将手指曲成环状，在母猪奶头周围做圆周运动，先表面按摩5分钟，再深层按摩5分钟。

图3-15　按摩母猪乳房

（6）让母猪户外活动　对长期不发情的母猪，可在晴天放入户外晒太阳，并由饲养人员驱赶运动半小时。

（7）用激素催情　常用三合激素（每毫升含丙酮睾丸素25毫克、黄体酮125毫克、苯甲酸雌二醇15毫克），一次肌内注射2毫升，5天内母猪的发情率可达92%以上。对因内分泌紊乱引起的发情障碍母猪，也可以使用三合激素催情。

75. 猪常用的配种方法有哪几种？

（1）重复配种（图3-16）

在母猪的一个发情期内，用同一头公猪先后配种2次。一般在发情开始后20～30小时配种一次，间隔12～18小时再配种一次。

图3-16　重复配种

（2）双重配种（图3-17）

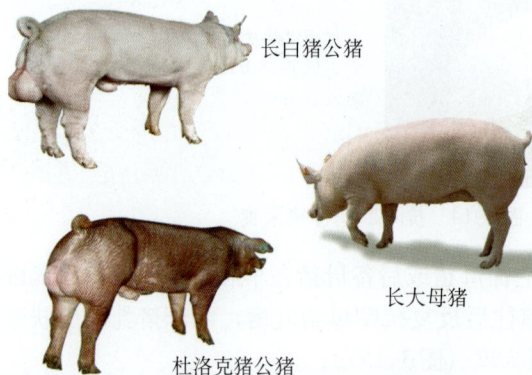

长白猪公猪

长大母猪

杜洛克猪公猪

在母猪的一个发情期内，用不同品种的2头公猪，先后间隔10～15分钟各配种一次。

图3-17 双重配种

（3）多次配种（图3-18）

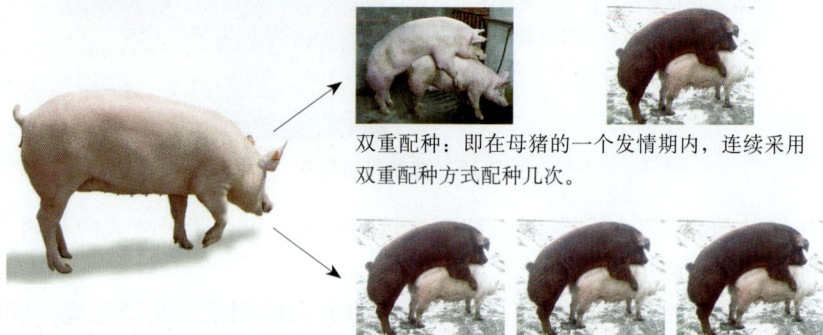

双重配种：即在母猪的一个发情期内，连续采用双重配种方式配种几次。

3次配种：即在母猪一个发情期内连续配种3次（间隔12小时、24小时和36小时）。

图3-18 多次配种

【提示】实践证明，母猪在一个发情期内采用上述3种配种方式，产仔率比单次配种能提高10%～40%。

76. 怎样给猪正确配种？

（1）选好配种地点 配种地点以母猪舍附近为好。禁止在公猪舍附近配种，以免引起其他公猪的骚动不安。

（2）人工辅助配种 公、母猪交配时，有时应当施以人工辅助（图3-19）。

交配时要保持环境安静，严禁大声吵闹或鞭打公猪。交配后用手轻压母猪腰部，以免母猪弓腰时精液流出。配种完毕要及时登记配种公猪的耳号和配种日期，以便推算母猪的预产期和方便以后查找后代的血统。

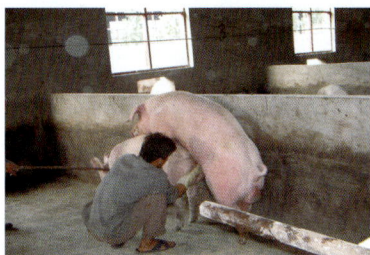

当公猪爬稳母猪后，工作人员要迅速从母猪侧面牵拉其尾巴，以避免公猪阴茎摩擦母猪的尾巴，造成伤害或体外射精。当公猪经过数次努力而阴茎不能顺利进入阴道时，可用手握住公猪包皮引导阴茎插入母猪阴道。

图3-19　人工辅助配种

（3）控制公猪体力　公猪一次交配时间可长达15～20分钟，射精的累计时间约6分钟，体力消耗较大。如果公猪配种量不大，可以不控制其射精，任其交配。但当公猪配种负担较重或很集中时，则可把每次交配的射精次数控制在2次。即：当公猪射精2次后，慢慢驱赶母猪向前走动，当公猪跟不上时自然就会从母猪背上滑下来，切忌用鞭子驱赶公猪下来。

77. 给母猪配种时应注意哪些事项？

（1）防止近亲交配　近亲交配会产生退化，使产仔数减少，死胎、畸形胎大量增多，即使产下活的仔猪，也往往体质不强，生长缓慢。因此，配种时严格按照配种计划执行。

（2）公、母猪体格不能差别太大（图3-20、图3-21）　公猪采食后半小时内不宜配种，此时配种不仅影响质量，而且配种时公猪的劳动强度很大，体力消耗较多，影响食物消化。

（3）选择一天当中合适的时间配种　夏季中午太热，配种应在早、晚进行。冬季早晨太冷，则配种应适当延后，尤其要注意不要在雪地上配种（图3-22）。

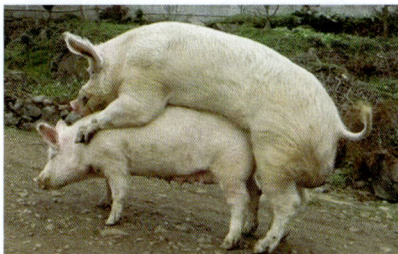

如果母猪太小、太瘦及后腿太软，公猪体格过大，则母猪腿部易受伤。

图3-20　种公猪体格偏大

如果公猪过小、母猪太高大，则配种不能顺利进行。

图3-21　种公猪体格偏小

下雪天气，外面寒冷，地面有雪，则不利于配种。

图3-22　猪配种不宜在雪地里进行

（4）**配种场地不宜太光滑**　太光滑的地面容易使公、母猪滑倒。

78. 怎样判断母猪是否妊娠？

（1）**根据发情周期判断**　母猪的发情周期大致为3周时间，若配种后3周不再发情则可推断已经妊娠，这对判断配种前发情周期正常的母猪比较准确。

（2）**根据外部特征及行为表现判断**　凡配种后表现安静、能吃能睡、膘情恢复快、性情温驯、皮毛光亮并紧贴身躯、行动稳重、腹围逐渐增大、阴户下联合紧闭或收缩，并有明显上翘的母猪，可能已经妊娠（图3-23）。

图3-23　妊娠母猪的外部特征

（3）**根据奶头的变化判断**　约克夏母猪配种后30天奶头变黑，轻轻拉长奶头，若奶头基部呈现黑紫色的晕轮时，则可判断其已经妊娠。

（4）**根据尿液颜色变化判断**　取配种后5～10天的母猪晨尿10毫升，放入试管内检测密度（应为1.01～1.025）。若过浓，则需加水稀释到上述相对密度，然后滴入1毫升5%～7%的碘酒，在酒精灯上加热，观察达到沸点时尿液的颜色变化（图3-24）。

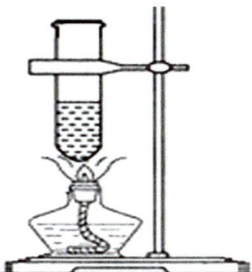

若母猪已妊娠，达沸点时则尿液由上而下出现红色；若母猪没有妊娠，则尿液呈淡黄色或褐绿色，且尿液冷却后颜色会消失。

图3-24　尿液检验

79. 怎样防止母猪假妊娠？

母猪配种后并未妊娠，但肚子却一天天大起来，乳房也逐渐膨大，到"临产"期前后，甚至还能挤出一些清奶，但最后不产仔，肚子与乳房又逐渐缩回，这种现象称作假妊娠。

引起假妊娠的原因有：一是胚胎早期死亡与吸收，而妊娠黄体不消失（持久黄体），致使孕酮继续分泌，好像妊娠仍在继续。二是营养不良、气候多变、生殖器官疾病等造成母猪内分泌紊乱，致使发情母猪排卵后形成的性周期黄体不能按时消失（持久黄体），孕酮继续分泌。

防止母猪假妊娠，主要是改善配种前后的营养条件，预防、治疗生殖道疾病，做好冬季与早春的防寒、保温工作。早春配种的母猪在配种前，应适当多喂些青绿多汁饲料或多种维生素，以保证卵泡的正常发育。为溶解持久黄体，可给母猪肌内注射前列腺素5毫克与孕马血清1 000国际单位。

【提示】 给妊娠母猪长期饲喂有霉变的饲料也会引起假妊娠。

80. 让母猪季节性产仔有哪些好处？

（1）可以避开严冬和炎热的夏季配种、产仔　南方各地可以将母猪安排在5月、11月配种，翌年3月、9月产仔。

（2）便于管理　在母猪集中配种、产仔期间，可以组织专人负责管理，从而节约人力、物力，减少开支。

（3）可提高母猪的利用率　见图3-25。

（4）节省饲料　可以充分利用本地饲料资源，因地制宜，减少运费等开支。

母猪产仔数多时（超过其有效奶头数时），可把多余的仔猪交给产仔数较少的母猪代哺或几窝仔猪头数少的合并为一窝，让一头母猪哺育，其余母猪就可以发情配种。

图3-25　仔猪交给其他母猪代哺或并窝

81. 怎样选择母猪产仔季节？

从猪的生理角度考虑，产仔时气候温暖能提高仔猪的成活率，而且青绿饲料丰富，有利于仔猪的生长发育。从经济效益方面来说，产仔季节要选在需要仔猪多且用于出售的时机。另外，产仔数虽然不依产仔时期的变化而变化，但在不同季节母猪的泌乳能力有差异，因而导致仔猪断奶体重也有差异（图3-26、图3-27）。

实践证明，在7—8月产仔，仔猪容易发病，母猪哺乳时也会遭受吸血昆虫等的侵袭而影响健康。从仔猪市场行情看，此时正处于猪肉消费淡季，养猪户空圈少，仔猪销售困难。

图3-26　夏季产仔母猪

冬季分娩时，气温低，防寒比较困难，青绿饲料供应不足，仔猪生长发育慢，且容易受凉而发生腹泻。

图3-27　冬季产仔母猪

综上所述，产仔季节一般安排在春、秋两季比较合适，即在4—5月配种，8—9月产仔；10—11月配种，翌年2—3月产仔。

82. 推广猪的人工授精技术有什么好处？

（1）可以提高优良公猪的利用率，加速猪种改良进度（图3-28）

自然交配时，一头公猪一次只能和一头母猪交配。而进行人工授精时，一头公猪一次的采精量经过稀释后，可以给10多头发情母猪输精。

图3-28　人工授精比自然交配的效率高

（2）可以少养公猪，节约饲料

（3）可以克服公、母猪大小悬殊造成的配种困难（图3-29）

猪进行本交时常因公、母猪体重及体格悬殊太大而造成配种困难，甚至会损伤母猪身体。而采取人工授精时，就可避免类似事情的发生。

图3-29　人工授精与自然交配的比较

（4）可以扩大配种范围

采集的精液经过稀释后可长时间保存（图3-30），经过运输后可使母猪配种不受地区限制和有效解决公猪不足地区母猪的配种问题，有利于杂交改良工作的开展。

图3-30　新鲜精液保存罐

（5）人工授精便于采用重复输精和混合输精等繁殖技术（图3-31）

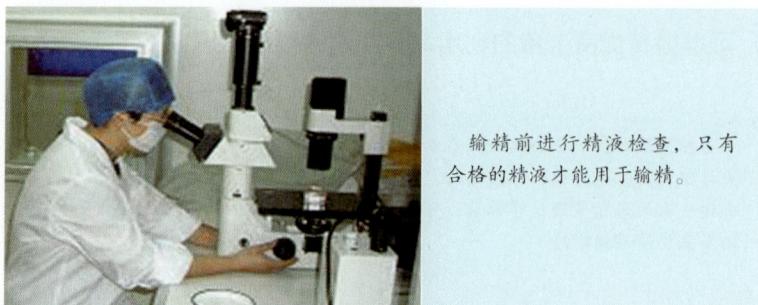

输精前进行精液检查，只有合格的精液才能用于输精。

图3-31 输精前精液的检查

（6）防止疾病传播（图3-32）

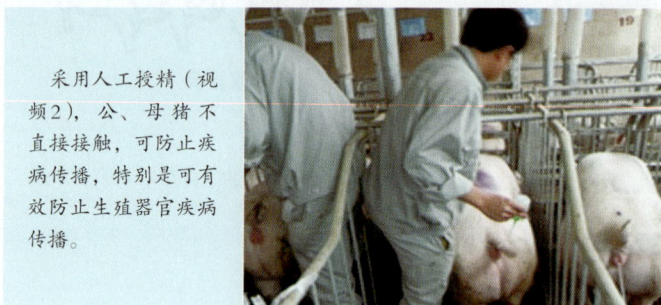

采用人工授精（视频2），公、母猪不直接接触，可防止疾病传播，特别是可有效防止生殖器官疾病传播。

视频2

图3-32 给母猪进行人工授精

83. 怎样采集种公猪的精液？

采精的方法主要有两种：一种是假阴道（假母猪）采精法，另一种是手握（徒手）采精法。目前常用的是手握采精法采精（图3-33）。

手握采精法不需要更多设备，此种方法可灵活掌握公猪射精所需要的压力，操作较为简便，且精液品质好，是当前较广泛使用的一种精液采集方法。

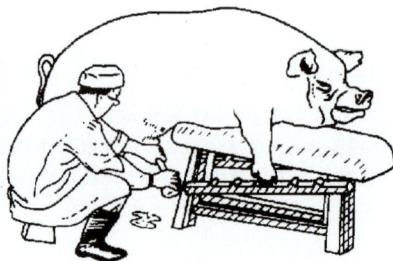

图3-33 手握采精法

（1）准备采精所用器械

采精前先消毒好所用的器械，并用4～5层纱布放在采精杯上备用。采精者剪平指甲，洗净、擦干、消毒或戴上消毒过的软胶手套，再穿上清洁的工作服，最后进行采精。

（2）采精要领

①握（图3-34）。

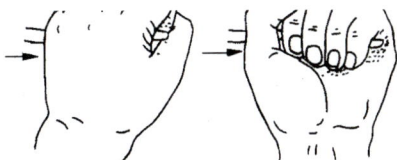

箭头示阴茎进入方向

采精员蹲在假母猪的右后方，待公猪爬上假母猪后应立即用0.1%高锰酸钾水溶液擦洗公猪的包皮和污物，并用清洁的毛巾擦干，然后用右手握住公猪阴茎。

图3-34 手握公猪阴茎

②拉（图3-35）。

随着公猪阴茎的抽动，采精员抓住阴茎，仅让龟头露在小指头外（右手握），继续抓紧直到阴茎勃起、龟头变得坚挺，随着阴茎的抽动，顺势小心地把阴茎全部拉出包皮外。

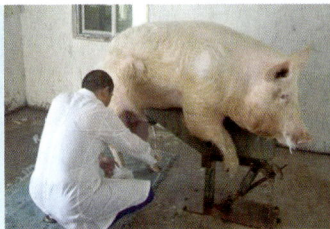

图3-35 顺势拉出公猪阴茎

③擦。拉出阴茎后，将拇指轻轻顶住并按摩阴茎前端，促进完全射精。

④收（图3-36）。

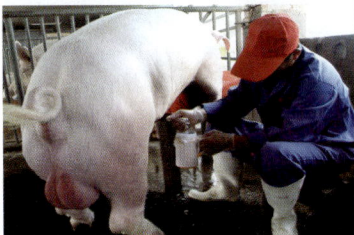

当公猪静伏射精时，采精员右手应有节奏地一松一紧地捏动，以刺激公猪充分射精。一般去掉最先射出的混有尿液等污物的精液，待射出乳白色精液时再用左手持集精瓶收集。采精完后顺势将阴茎送入包皮内，将公猪从假母猪身上赶下来。

图3-36 采集精液

84. 采精有哪些注意事项？

（1）一定要保持周围安静。

（2）种公猪在吃食前、后半小时内不能进行采精。

（3）最好在天亮前进行。

（4）采精后严禁种公猪洗澡和受到惊吓。

（5）采精员在采精过程中要注意安全，小心操作，以防被公猪咬伤、踩伤和压伤。

85. 怎样检查公猪精液品质？

主要有以下指标：

（1）**射精量**　过滤后的精液量为射精量，一般为200～300毫升，最高可达400～500毫升。

（2）**精液颜色**（图3-37）

正常精液为乳白色或灰白色。如混有尿液的呈黄褐色，混有血液的呈淡红色，混有浓汁的呈黄绿色，混有絮状物的则表示公猪患有副性腺炎症，这类精液都不能用于输精。

图3-37　观察精液颜色

（3）**精液气味和酸碱度**（图3-38）

正常的精液有一种特殊的腥味，新鲜的精液较浓。若带有臭味，则属于不正常的精液。用玻璃棒蘸取少许精液于酸碱试纸上，对照比较，正常精液的pH为6.9～7.5，pH超过或低于这一范围的均不能用。

图3-38　检查精液的气味和酸碱度

（4）精子密度（图3-39）

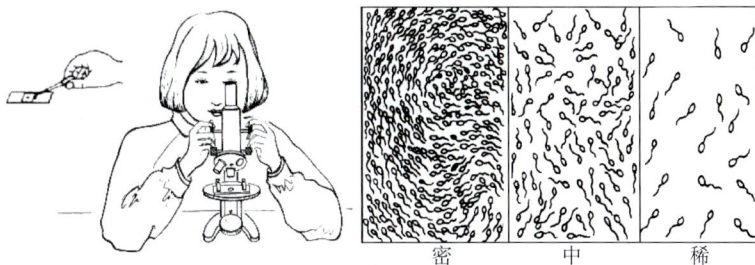

检查精子密度时，先滴一滴精液在载玻片上，轻轻盖上盖玻片，在300倍左右的显微镜下观察。如果整个视野中布满精子，则为"密"；若视野中精子之间的距离为一个精子的长度，则为"中"；若在视野中精子数量稀少，空隙很大，精子间的距离超过一个精子的长度，则为"稀"。

图3-39　精子密度检查

（5）精子活力（图3-40）

先在载玻片上滴一滴精液，盖上盖玻片（注意不要产生气泡），然后置于300倍左右的显微镜下进行观察。呈直线前进运动的精子愈多，精子活力愈强，输精后的受胎率愈高。活力低于0.6级（60%做直线运动）、精子畸形率超过10%的精液一般不能使用。

图3-40　精子活力检查

86. 怎样稀释精液？

精液稀释的方法很多，如用葡萄糖-柠檬酸钠-卵黄稀释液。其制作方法：葡萄糖5克，柠檬酸钠0.5克，加蒸馏水至100毫升混匀过滤，煮沸消毒后冷却至25～27℃，用消毒过的注射器吸取卵黄液15毫升注入稀释液中，充分摇匀即成。此外，还有5%葡萄糖稀释等（图3-41）。

稀释过程中要注意：

（1）稀释液的温度与精液温度应相等。

（2）稀释液应沿杆壁徐徐加入，与精液混合均匀，切勿剧烈振荡。

（3）要避免直射阳光、药味、烟味等对精子产生不良影响。

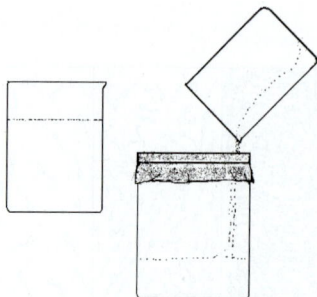

猪的精液中含有胶状物，采精后应先用消毒纱布过滤，过滤后再稀释使用，所有稀释液要现用现配。

图3-41 精液过滤

（4）操作室的温度应保持在18～25℃。

（5）精液稀释后应立即分装保存，尽量减少能耗。

（6）猪的精液以稀释1～2倍为宜。

87. 怎样进行输精？

（1）物品准备

猪的输精用具一般由一只50毫升注射器连接一条橡皮输精管组成，现在多使用一次性输精用具。其他所有输精器械要彻底洗涤、消毒，冲洗干净。

（2）人员准备（图3-42）

输精人员应将指甲剪短磨光，洗净擦干。

图3-42 输精人员清洗、消毒手背

（3）输精（图3-43至图3-45） 让母猪自然站稳，输精员用左手将母猪阴唇张开，左手持输精管，先用少许精液蘸湿阴道口，然后将胶管缓缓插入阴道，并向前旋转滑进，直到子宫颈内。

> **【提示】** 给母猪进行人工授精前，不仅要求输精人员的手臂和使用的器械、用具要清洗消毒，母猪外阴部也要用0.1%高锰酸钾或1/3 000新洁尔灭溶液清洗消毒。冷冻精液必须先升温解冻，经检查合格后方可使用。

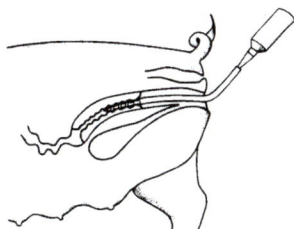

将精液管与输精管前端的螺旋体连接后，抬高精液管使精液流入。如有精液倒流，可转动胶管，换个方向再注入子宫内。输精速度不宜太快，一般每次需5～10分钟。

图3-43　母猪输精部位示意图

在输精管插入母猪阴道之前，用润滑液润滑输精管前端的螺旋体。

图3-44　将润滑液滴在输精管前端

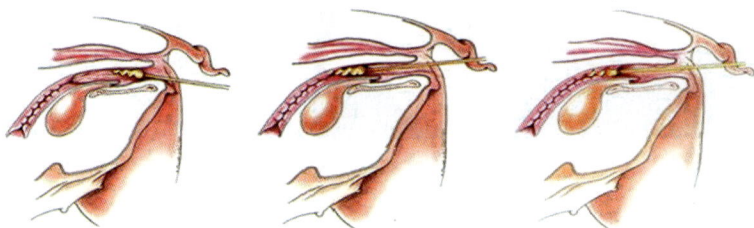

　　如图所示，将输精管螺旋体的尖端紧贴阴道的背部表面，逆时针方向转动旋体以锁住子宫颈，待插进25～30厘米感到有阻力时稍稍向外拉出一点，即为输精部位。于子宫颈第2～3皱褶处，然后接上输精袋进行输精。

图3-45　母猪输精方法

　　输精完毕，缓缓抽出输精管，然后用手按压母猪腰部或在其臀部拍打几下，以免母猪弓腰收腹，造成精液倒流。最后清洗、消毒用具，并及时做好配种记录。

88. 提高人工授精受胎率有哪些技术要点？

　　（1）加强种公猪的饲养管理，使种公猪常年保持种用体况，精力充沛，性欲旺盛。

（2）调教利用好种公猪，使其建立条件反射。

（3）所用器材必须洗刷干净，并作消毒处理。

（4）采集的精液必须干净、无污染、质量好，符合输精要求。

（5）在母猪排卵高峰期，将输精管插入输精部位，即子宫颈第2～3皱褶处。经产母猪输精2次，初产母猪输精3次，每次输精量为10～15毫升，每次间隔24小时。如发现精液逆流，则应补输1次。

89. 什么是母猪深部输精技术？

母猪深部输精技术是母猪人工授精技术的新突破。传统的输精技术（一般每份精液含有30亿～40亿个精子）是将精液输到母猪子宫颈口，而采用深部输精技术是把精液输精母猪子宫体内（图3-46），只要保证每份精液的总精子数不少于10亿个，即可达到与传统人工授精技术相当的效果。

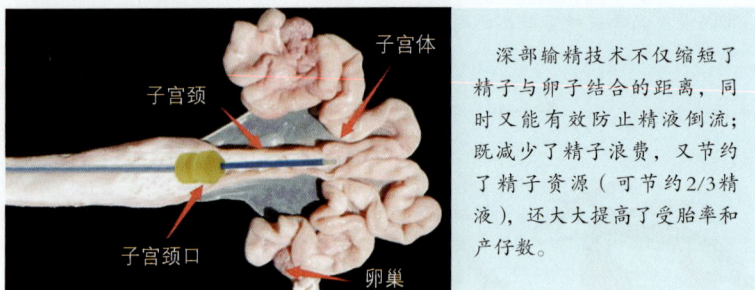

深部输精技术不仅缩短了精子与卵子结合的距离，同时又能有效防止精液倒流；既减少了精子浪费，又节约了精子资源（可节约2/3精液），还大大提高了受胎率和产仔数。

图3-46 母猪深部输精部位

90. 妊娠母猪需要哪些营养？

（1）妊娠早期 即配种后的1个月以内。此时期内胎儿的发育速度很慢，需要的营养不多，但母猪饲料的营养应全面，质量要好。一般在母猪的日粮中，精饲料的比例较大。

（2）妊娠中期 即妊娠的第2～3个月。此时期胎儿的发育速度仍较慢，需要的营养不多。但母猪食欲旺盛，可以采食大量饲料，故应以青粗饲料为主，加喂少量的精饲料，一定要让母猪吃饱。

（3）妊娠后期 即临产前的1个月内。此时期胎儿的发育速度很快，母猪日粮中的精饲料应逐渐增加，适当减少青绿多汁饲料或青贮料的喂量，待母猪产后泌乳之用。妊娠母猪的日粮构成见表3-2。

表3-2 妊娠母猪的日粮构成

日粮	妊娠前期	妊娠后期
组成（%）		
黄玉米	35	35
豆饼	5	10
大麦	5	5
麸皮	5	5
粉渣	20	20
青贮料渣	30	25
营养需要		
每天每头的喂量（千克）	5.0	5.88
折算的风干料（千克）	2.0	2.5
含消化能（千焦）	5.34	6.91
含可消化粗蛋白质（克）	169	242

注：食盐、骨粉另加。

91. 怎样饲养妊娠母猪？

（1）抓两头带中间（图3-47）

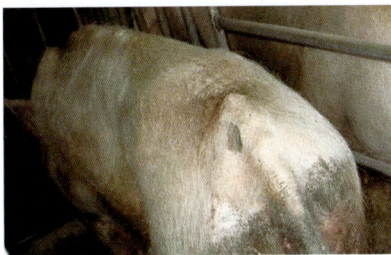

适合断奶后膘情差的经产母猪。一般从配种前10天开始到配种后20天的1个月时间里，要加喂富含蛋白质的饲料，待母猪体况恢复后再按饲养标准饲养；妊娠85天后，随着胎儿的增重速度较快，再增加营养，即采取"高—低—高"的营养水平。

图3-47 "抓两头带中间"的饲养方式

（2）步步登高（图3-48）

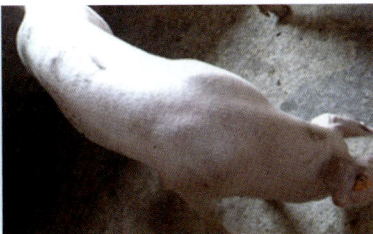

适用于初产母猪和哺乳期间配种的母猪。整个妊娠期间的营养水平，应随着胎儿体重的增大而逐步提高，到分娩前1个月达到高峰，但产前5天左右减食30%，即"步步登高"的营养水平。

图3-48 "步步登高"的饲养方式

（3）前粗后精（图3-49）

适用于配种前体况良好的母猪。因为妊娠前期胎儿还小，加之母猪膘情较好，所以要控制母猪营养，一般用青、粗饲料或妊娠前期料饲喂即可。到妊娠后期，胎儿发育速度增快，需要给母猪增加精饲料或妊娠后期料的喂量，即"前粗后精"的营养水平。

图3-49　"前粗后精"的饲养方式

92. 怎样管理妊娠母猪？

（1）日粮必须有一定的体积，使母猪既不感觉饥饿，也不觉得容积过大而压迫胎儿；同时应含有适当的轻泻剂，以防便秘引起流产。

（2）严禁给母猪饲喂发霉、变质、冰冻、带有毒性和强烈刺激性的饲料。

（3）猪舍和猪体要保持清洁卫生，让母猪适量运动（图3-50）。

每天坚持让妊娠母猪运动1～2小时，上午和下午各运动1次，但在母猪妊娠第1个月和分娩前10天应减少运动。

图3-50　让妊娠母猪每天坚持运动

（4）母猪妊娠后期应单栏饲养，做好冬、春季节防寒保暖和夏季防暑降温工作，保持环境安静。分娩前1周应将栏舍彻底消毒，及时消灭体外寄生虫（图3-51）。

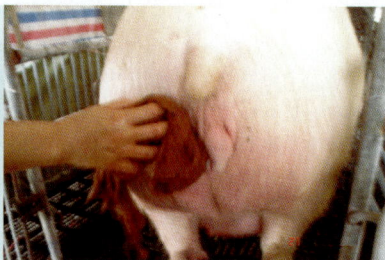

在预产期前1～2天，应先用肥皂水将母猪的后躯、会阴、尾部及乳房等处清洗干净，然后用0.1%高锰酸钾溶液消毒，做好产前的准备工作。

图3-51　母猪分娩前清洗消毒外阴

93. 怎样推算妊娠母猪的预产期？

母猪的妊娠期110～120天，平均114天，预产期的推算方法有两种。

(1)"三三三"推算法　即在配种的月份上加3，配种的日数上加上3周零3天。如3月9日配种，其预产期是3+3=6月，9+21+3=33日（1个月按30天计算，33天为1个月零3天），故7月3日是预产期。

(2)"进四去六"推算法　即在配种的月份上加上4，在配种的日数上减去6（不够减时可在月份上减1，在日数上加30计算）。如3月9日配种，其预产期为3+4=7月，9−6=3月，故7月3日是预产期。

94. 怎样让母猪白天产仔？

据有关资料报道，用30头母猪进行配种试验，配种时间均为13：00以后，配种后母猪全部妊娠。妊娠期满后，母猪全部在白天产仔，产仔最早时间为5：40，最迟为20：00。其中，上午产仔占比为78%，下午产仔占比为22%。因此，要想让母猪白天产仔，必须掌握好配种时间，以在13：00—16：00进行配种为宜。

95. 母猪临产前有何征兆？

(1)乳房变化（图3-52）

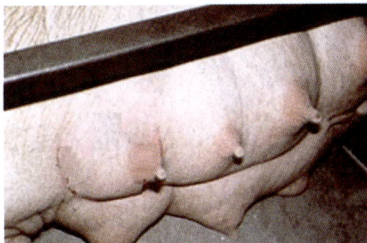

在分娩前两周，母猪乳房从后向前逐渐膨大，乳房基部与腹部之间呈现出明显的界限；分娩前1周，母猪的奶头呈"八"字形向两侧分开；分娩前4～5天，母猪的乳房显著膨大，两侧乳房外张明显，为发亮的潮红色。

图3-52　临产前母猪的乳房变化

(2)乳汁变化（图3-53）

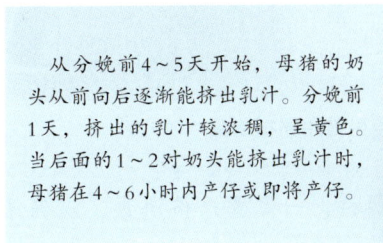

从分娩前4～5天开始，母猪的奶头从前向后逐渐能挤出乳汁。分娩前1天，挤出的乳汁较浓稠，呈黄色。当后面的1～2对奶头能挤出乳汁时，母猪在4～6小时内产仔或即将产仔。

图3-53　临产前母猪的乳汁变化

(3) 行为等变化（图3-54）

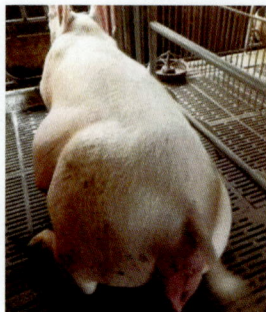

在分娩前3天，母猪起卧行动谨慎；分娩前1天，母猪阴门肿大、松弛，颜色呈紫红色，并有黏液流出；分娩前6～10小时，母猪表现卧立不安，外阴肿胀变红，尾根两侧稍凹陷（骨盆开张）；分娩前1～2小时，母猪表现极度不安，呼吸急促，挥尾，流泪，时而来回走动，时而呈犬坐姿势，频频排尿，并有大量黏液流出；如母猪躺卧、四肢伸直、阵缩间隔时间越来越短、全身用力努责、从阴户流出胎水（破水），则很快就要产仔。

图3-54　临产前母猪行为等的变化

96. 给母猪接产前应做好哪些工作？

(1) 产房准备和消毒（图3-55）

在妊娠母猪调入产房前，要将产房彻底清扫干净，并用2%～3%氢氧化钠溶液或2%～5%来苏儿溶液等进行消毒，再用清水冲净，墙壁用20%石灰乳粉刷。然后空栏晾晒3～5天，调入母猪。

图3-55　母猪临产前消毒产房

母猪分娩多在夜间，因此，要注意安排专人值夜班，随时准备接产。

(2) 用具准备（图3-56）

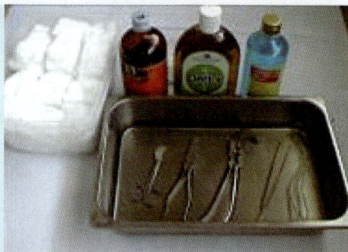

母猪产前要准备好产仔栏、仔猪箱、棉布、剪刀、耳号钳、耳标、记录表格、5%碘酊、0.1%高锰酸钾溶液、医用纱布、催产素、抗生素、注射器、肥皂、毛巾、面盆、计量器具（秤）、25瓦的红外线灯、电热板、液体石蜡等。

图3-56　给母猪接生常用器械物品

➡【提示】给母猪接生时所使用的器械，一定要严格消毒，以确保接生安全，防止母猪产后感染。

97. 怎样给母猪接产？

母猪分娩时，一般每5～25分钟产出1头仔猪，整个分娩过程需1～4小时。接产时要注意以下9个环节。

（1）清除黏液（图3-57）

当仔猪产出后，用手将其托起，并立即清除口腔及鼻孔内的黏液，以免引起仔猪窒息。

图3-57　清除仔猪口腔、鼻孔内的黏液

（2）擦拭全身（图3-58）

先用柔软而干净的干草，然后用棉毛巾或麻袋片擦净仔猪身上的黏液。同时稍微用力按摩仔猪皮肤，以促进血液循环。

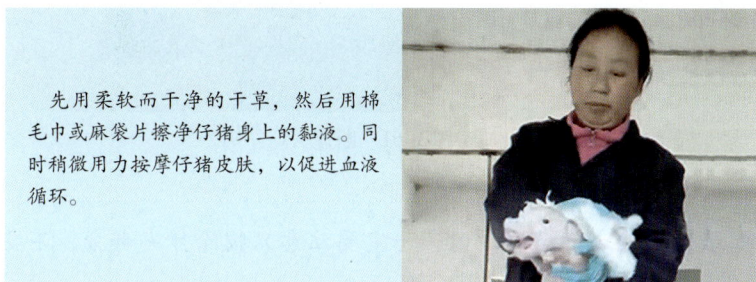

图3-58　擦拭全身

（3）断脐（图3-59）

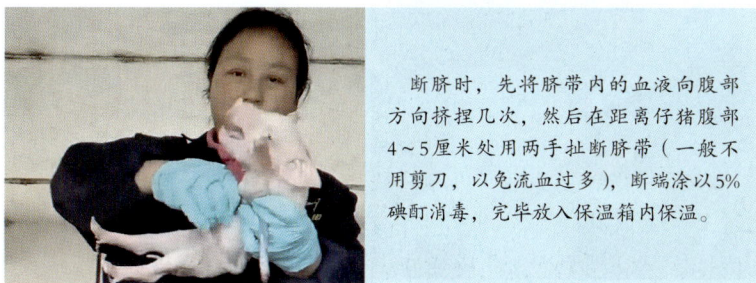

断脐时，先将脐带内的血液向腹部方向挤捏几次，然后在距离仔猪腹部4～5厘米处用两手扯断脐带（一般不用剪刀，以免流血过多），断端涂以5%碘酊消毒，完毕放入保温箱内保温。

图3-59　断脐

(4) 拔牙和滴鼻（图3-60）

断脐后，拔除仔猪胎齿（8颗）牙尖，并涂以碘酊消毒，然后用伪狂犬病基因缺失疫苗1头份滴鼻，进行猪鼻黏膜免疫（视频3）。

视频3

图3-60 拔除牙尖

(5) 断尾（图3-61）

给仔猪剪牙和滴鼻完成后，用专用断尾钳在距离仔猪尾根部2厘米处将尾巴剪断并消毒。若用普通钳断尾，为防止出血，在剪断尾巴时捏紧钳子，停留数秒后再移开钳子。

图3-61 断尾

【提示】 给新生仔猪拔牙时，一定要注意只拔除牙尖部分，不要连根拔除，以防损伤牙龈，引起感染。

(6) 口滴抗生素（图3-62）

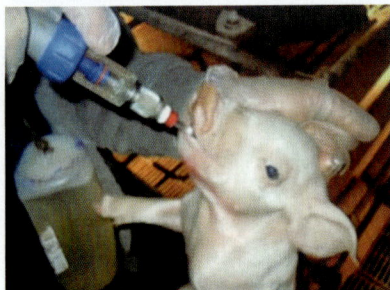

断尾后，不要马上让仔猪吸吮初乳，此时应向仔猪口腔内、舌头上滴庆大霉素3~5毫升。不要注入咽喉内，尽量避免其吞咽，使药液保留在口腔内和舌头上。

图3-62 口滴药液

（7）保温（图3-63）

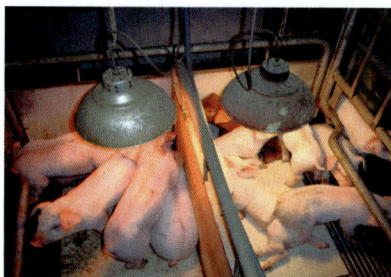

给仔猪口内滴完抗生素后，将其放入提前准备好的干净卫生的保温箱内。箱内温度控制在35℃左右。有电热板的，其板上最好是铺一层毛毡或毛毯，没有电热板的，可以垫上干净的干草，草上再铺上毛毡或毛毯。

图3-63　保温

（8）挤奶头（图3-64）

在让新生仔猪吸吮初乳前，要先将母猪的乳房和奶头用湿毛巾擦拭干净，然后用手指轻轻地将母猪奶头里的少量奶水挤出弃掉。尤其是最后2对奶头，有时初乳没有出来仍在奶头内，容易变质，如果被仔猪吸吮则容易导致腹泻。

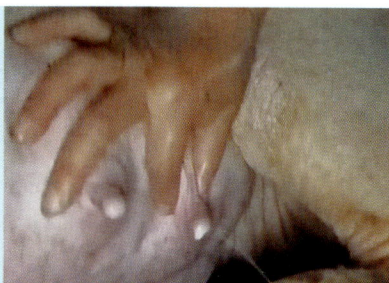

图3-64　挤奶头

（9）固定奶头（图3-65）

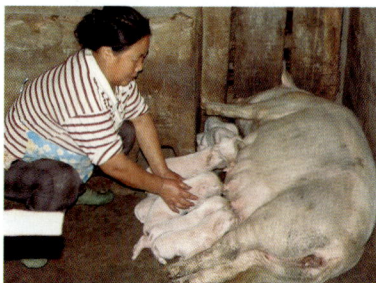

待母猪全部生完仔猪后，按照把小的放在前、大的放在后的顺序统一给新生仔猪喂奶，一次性统一吸吮初乳。这样仔猪就可以记住自己第一口吸吮的奶头，即固定奶头成功。

图3-65　固定奶头

【提示】挤奶头时，力量一定要轻，以免损伤，最后2对奶头内的奶水尽量挤干净。

母猪产完最后1头仔猪，大约半小时后排出胎衣，标志产仔过程结束。然后用来苏儿或高锰酸钾溶液擦洗母猪阴门周围及乳房，以免发生阴道炎、子宫炎与乳腺炎；同时，打扫产房或产床，清除被污染的垫草或铺垫物，重新更换新鲜的垫草或铺垫物。

98. 如何护理分娩后的母猪？

(1) 做好环境控制工作（图3-66）

产后的饲养环境通常要求较为安静，保持舍内温暖、干燥，一般要求的最适温度为20～23℃，相对湿度为60%～70%。

图3-66　做好环境控制工作

(2) 做好母猪的清洗和消毒工作（图3-67）

母猪分娩后要将胎衣及时拿走，并且用温水或者0.1%高锰酸钾溶液擦洗母猪的后躯和阴部。每天擦洗1次，最好坚持1周。

图3-67　做好母猪的清洗和消毒工作

(3) 做好药物保健工作（图3-68）

对于顺产的母猪，药物保健的作用主要是消炎，方法主要有肌内注射抗生素、灌注法及输液。其中，肌内注射效果并不理想；灌注法的消炎效果较肌内注射法明显，但不利于母猪繁殖机能恢复；输液是较为理想的方法。

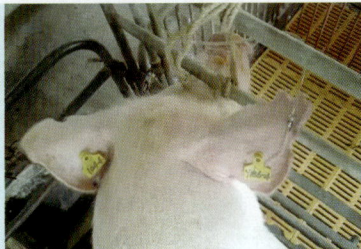

图3-68　母猪药物保健工作

99. 猪乳有什么特点？

（1）母猪的乳房无乳池，不能蓄奶，因而会随时排乳。只有当仔猪反复拱揉乳房、刺激母猪中枢神经时，母猪才能反射性地放奶。母猪放奶的时间较短，只有十几秒到几十秒。但泌乳次数多，平均每昼夜为22次左右，白天多于夜间。

（2）母猪的泌乳量在产后处于增加趋势，一般于产后10天左右上升较快，21天左右达到泌乳高峰，以后则逐渐下降。在哺乳期间，母猪分泌乳汁300～400千克，平均日泌乳量为5.5～6.5千克。

（3）母猪分娩后3～7天内的乳称为初乳，以后的为常乳。初乳中含有许多母源抗体（免疫球蛋白）、酶和溶菌素等物质，对增强仔猪的抗病能力很有好处。另外，初乳具有轻泻作用，能够促使仔猪排出胎粪和促进胃肠蠕动，有助于消化。因此，仔猪出生后必须尽早吃到初乳。

100. 怎样饲养和管理哺乳母猪？

（1）**饲养**　母猪产后首先要及时补充水分。分娩当天不给料，仅喂饮麸皮汤水。一般产后2～7天要适当控制饲喂量，产后第2天开始饲喂1～1.5千克饲料，以后逐渐增加喂量，最好是喂以流食（图3-69）。每天饲喂3～4次，每次间隔时间要均匀。

注意不能让母猪每次吃得太多，以免引起消化不良。分娩7天后让母猪自由采食，以母猪一次性吃完而不剩料为宜。仔猪断奶前3～5天逐渐减少母猪精饲料和多汁饲料的喂量。饲喂哺乳母猪不但要定时、定量，而且要求饲料多样化。

图3-69　哺乳母猪的饲喂方法

（2）**管理**　哺乳母猪应每栏1头。由于产后母猪无力，食欲欠佳，故宜留在栏圈内休息，3～5天后再放出活动（图3-70）；另外，还要训练母猪养成两侧交替躺卧的习惯，便于哺乳仔猪。

母猪产后7天，在晴暖的天气，可让母猪带仔猪一道外出运动、拱土、吃青草、晒太阳，以促进血液循环与消化功能的恢复。每天必须清洗饲槽一次，并勤换垫草，保持圈舍清洁、干燥。

图3-70　母仔猪放牧运动

101. 母猪拒绝哺乳的原因及解决办法有哪些？

母猪产后拒绝哺乳，主要见于以下几种情况：

(1) **初产母猪无哺育仔猪的经验** 初次生产的母猪，第一次给仔猪哺乳感到紧张和恐惧，或经不起仔猪纠缠，从而拒绝哺乳。遇到这种情况，可让母猪躺下，慢慢挠其肚皮，缓解其情绪，看着仔猪吃奶，只要仔猪能吃上几次奶就行了。如果实在不行，就只好把母猪捆起来，采取强制哺乳的办法，这样反复几次母猪就习惯了。另外，对初产的母猪，最好在妊娠期间就经常按摩其乳房，这样其产后就会习惯哺乳。

(2) **母猪产后无奶** 母猪产后无奶时，小猪总是缠着母猪来回拱啃奶头，使母猪感到烦躁不安，不愿让仔猪吃奶，有时甚至把奶头压在身子底下或驱赶仔猪（图3-71）。解决的办法是给母猪加喂催乳料，增强母猪的泌乳机能。

(3) **母猪患乳腺炎** 母猪患乳腺炎时，乳房肿胀，局部发热（图3-72箭头所示），仔猪一吃奶时便疼痛，母猪便拒绝喂奶。解决的办法是及时治疗乳腺炎。

图3-71 母猪产后无奶

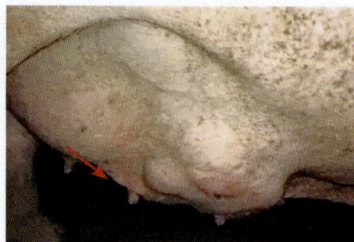

图3-72 患乳腺炎母猪

(4) **母猪奶头有伤** 母猪奶头被咬伤后便拒绝仔猪吃奶。解决的办法是用钳子剪掉仔猪尖锐的犬牙（最好的办法是在仔猪出生时拔牙），并及时治疗被仔猪咬伤的奶头，以防感染。

102. 影响母猪泌乳量的因素有哪些？

(1) **饮水** 母猪乳中含水量为81%～83%，为此每天需要较多的饮水。供水不足或不供水都会影响泌乳量。

(2) **饲料** 多给母猪喂些青绿多汁的饲料，有利于提高母猪的泌乳力。另外，饲喂次数和调制饲料对母猪的泌乳量也有影响。

(3) **母猪的年龄与胎次** 一般情况下，母猪产第1胎时的泌乳量较低，以后逐渐上升，4～5胎后逐渐下降。

（4）**个体大小**　一般体重大的母猪其泌乳量比体重小的要多。

（5）**分娩季节**　春、秋两季母猪的泌乳量多，冬季母猪的泌乳量就少。

（6）**母猪发情**　母猪在泌乳期间发情，常影响泌乳量。泌乳量较高的母猪，泌乳的同时还会抑制发情。

（7）**品种**　一般来说，本地猪及杂母猪的泌乳量显著高于引入的品种猪及杂种母猪。

（8）**疾病**　泌乳期间母猪若患疾病，则泌乳量下降。

（9）**管理**　猪舍内清洁干燥、环境安静、空气新鲜、阳光充足等，有利于母猪泌乳；反之，会降低母猪的泌乳量。

103. 用哪些方法可以提高母猪的泌乳量？

提高母猪泌乳量的方法主要有以下几种（图3-73）。

（1）对哺乳母猪实行高水平饲养，可不限量饲喂或让其自由采食。

（2）可多喂些青绿多汁的饲料及根茎类饲料，如胡萝卜、南瓜、甜菜（捣碎后饲喂）等。

（3）可喂些维生素含量多的饲料，如酵母粉等。

（4）加喂催奶药，如"妈妈多"或中成药"下乳通泉散"等。

（5）对初产母猪在产前15天按摩乳房，每天早晨给母猪按摩5～10分钟；或产后用40℃左右温水浸湿抹布按摩乳房，可收到良好效果。

图3-73　哺乳母猪

104. 如何选留种公猪？

（1）应来自良种猪场（图3-74）

应选择经选育的生长速度快、饲料利用率高、酮体品质好的优良公猪，最好是选择外来品种，如杜洛克猪、长白猪、大中型约克夏猪的后代作为种公猪，并且有档案记录。

图3-74　选择来自良种猪场的优良公猪

（2）外表特征要基本符合该品种要求（图3-75）

要求种公猪符合品种特性，四肢强健、结实，行走时步伐有力，胸部宽深而丰满，背腰部长且平直、宽阔，腹部紧凑，不松弛下垂。后躯充实，肌肉丰满，腰情良好。睾丸发育正常，大而明显，两侧匀称一致，无单睾丸或隐睾及阴囊疝，阴囊紧附于体壁，包皮无积尿。

图3-75　长白猪种公猪

（3）有正常的性行为（图3-76）

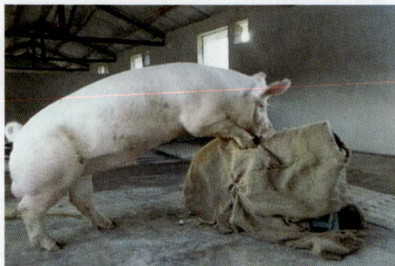

种公猪除了睾丸发育正常外，还应具有正常的性行为，包括性成熟行为、求偶行为、交配行为，且性欲要旺盛。

图3-76　种公猪选择

（4）健康无病（图3-77）

所购种公猪必须来自一个健康的群体，购入种公猪后要先隔离饲养观察一段时间，检查其健康状况，待适应猪场环境并证明健康无病后再配种使用。

图3-77　新购入种公猪要隔离观察

105. 怎样饲养和管理种公猪？

（1）饲养　饲养种公猪的目的，就是用来配种。在正常情况下，种公猪配种一次其射精量能达200~300毫升（外来品种比本地种公猪高1~2.5倍），而精液里含有大量的蛋白质，这些蛋白质必须从饲料中获得（图3-78）。

公猪对营养的要求较高，日粮中的消化能应达到12.5～13.9兆焦，蛋白质含量应达到14%～16%，其中要有5%～8%的动物性蛋白质饲料。除了保证蛋白质的含量以外，还应注意及时补给维生素、矿物质。体重在120千克以下时喂2.5～3.6千克/天配合饲料，当体重达到120千克时喂1.8～2.7千克/天配合饲料，直到配种。

图3-78　种公猪对营养的要求较高

另外，要给种公猪多喂些优质的青绿多汁饲料和块茎类饲料；在饲养方式上，可采用每日三餐制，同时应根据季节特点、温度变化、个体膘情及使用频率（图3-79）等情况，适当调整饲喂量。

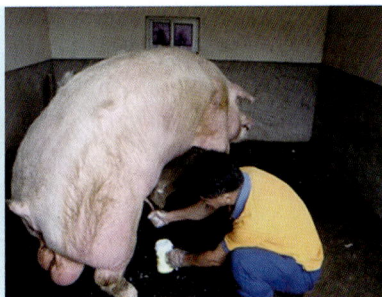

配种期的种公猪负担大，体力消耗大。一般情况下，公猪精液中干物质含量为2%～10%，其中60%以上是蛋白质。因此，在种公猪集中配种期间，每日可加喂1～2枚鸡蛋。

图3-79　给种公猪采精

（2）管理

①种公猪应生活在清洁、干燥、空气新鲜、温暖、安静的条件下。

每天清扫圈舍2次，保持圈舍和猪体的清洁卫生。对种公猪应每天坚持刷拭1～2次（图3-80），以保持其皮肤清洁，促进血液循环，减少皮肤病和寄生虫病的发生率。在配种中，不得给予任何刺激。防止种公猪咬架，一旦发现咬架应迅速放出发情母猪，将公猪引走，以防造成伤亡事故。

图3-80　刷拭种公猪体表

②加强种公猪的运动，可以促进食欲、增强体质、避免肥胖，提高性欲和精液品质，从而提高受胎率（图3-81）。

种公猪除在运动场自由运动外，每天还应进行驱赶运动，上、下午各1次，每次行程2 000米。夏季在早、晚凉爽时进行，冬季在中午运动1次，每次1小时。配种期间的运动量应适当减轻。

图3-81 每天让种公猪进行适当运动

③从小对种公猪进行调教管理，这样做能建立人与猪的和睦关系调教时，对待公猪态度要和蔼，严禁恫吓，培养其良好的生活规律（图3-82）。

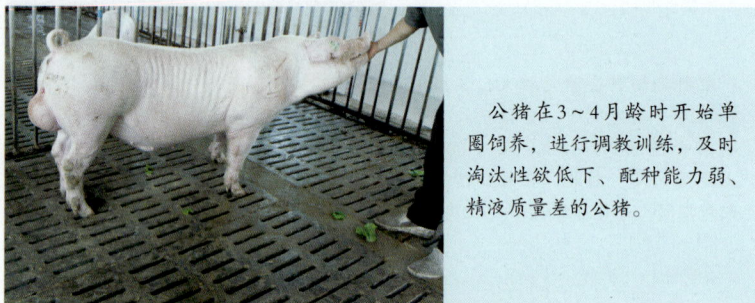

公猪在3～4月龄时开始单圈饲养，进行调教训练，及时淘汰性欲低下、配种能力弱、精液质量差的公猪。

图3-82 从小对种公猪进行调教管理

④后备公猪应在8月龄以上、体重达120千克以上开始使用，最低使用年龄不得低于7个半月。使用前在配种妊娠舍饲养45天，以适应环境。青年公猪每周配种次数不得超过3次，配种休养期不少于3天。

⑤根据本场和当地疫情特点，制定一个合理有效的防疫程序，并按时实施。特别要做好春、秋季节两次的预防接种，经常观察种公猪的健康状况，发现疾病时应及早治疗。

106. 种公猪从什么时候开始配种？

种公猪最适宜的初配年龄，应根据品种、年龄和生长发育情况来确定。初配时间过早，不仅会影响种公猪今后的生长发育，而且后代数目少，体小而弱，生长缓慢，缩短种公猪的利用年限。初配时间过迟，也会影响种公猪正常的性机能活动和降低繁殖力。

一般宜选在性成熟之后和体成熟之前。培育品种，不早于8～9月龄，体重不低于100千克。北方地方猪种，7个半月龄、体重80千克左右开始配种；南方早熟猪种，6～7个月龄、体重65千克左右开始配种。

107. 怎样合理使用种公猪？

（1）**掌握好适配年龄和体重** 应掌握好后备公猪开始配种的年龄和体重，不能过早也不能过迟配种。

（2）**严格控制配种强度** 初配青年公猪一般以每周使用2～3次为宜；2～4岁的壮年公猪，在配种旺季每天可配种1次，必要时可配种2次，但2次应间隔8～12小时，同时每周至少休息1～2天。在分散饲养及非季节性产仔的情况下，1头成年公猪可承担25头母猪的配种任务；但在季节性产仔时，只可负担15头左右母猪的配种。

（3）**选择适宜的配种时间** 夏季应在早晨与傍晚凉爽时进行，冬季在上午和下午天气暖和时进行。配种前后1小时不要喂食，配种后不要立即给公猪饮凉水和用冷水冲洗躯体。

（4）**选择适宜的配种场地** 配种时最好有专门的场地，地面要求平坦而不滑（图3-83）。

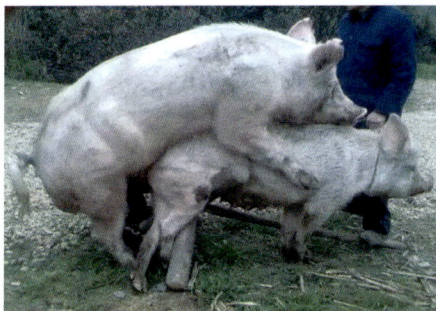

公猪一次交配的时间较长，为3～25分钟，所以交配时切不可有任何干扰。每次配种完毕，应让公猪自由活动十几分钟，然后再将其赶回圈内，并给些温水让其自饮。

图3-83 公、母猪自然交配

108. 种公猪性欲低下怎么办？

对性欲低下的公猪要饲喂专门的配合饲料，并建立适宜的配种制度，合理使用。另外，要适当加强运动，对由疾病而引起的性欲低下公猪应进行治疗；对性欲不强、射精不足的种公猪，其精液严禁使用。除了针对病因采取相应的防治措施外，还可根据病情，肌内注射或皮下注射甲基睾丸酮30～50毫克；

淫羊藿90克、补骨脂9克、熟附子9克、钟乳石30克、五味子15克、菟丝子30克，水煎后一次喂服，连用2～3次。

109. 种公猪的使用年限以多少为宜？

一头种公猪在其整个使用年限内，大致分为3个阶段：1～2岁为青年阶段，这时期猪体正处在继续生长发育阶段。因此不宜频繁配种，每周以配种1～2次为宜；2～5岁为青壮年阶段，这时期猪体已基本发育健全，生殖机能较为旺盛，在营养较好的情况下每天可配种1～2次；5岁以后的公猪为老年阶段，这时期猪体由于体质渐衰，可每隔1～2天配种1次。种公猪的使用年限一般可达4～6年，如果养得好且配种合理，使用年限可延长到8年甚至更长。

110. 什么是优势杂种猪？

不同种群（品种或品系）间的交配与繁殖称为杂交，杂交所产生的后代称为杂种猪。杂种猪在适应性、生活力、生长性能与生产性能等方面，都优于其亲本纯繁群体，这称为杂交优势（或杂种优势），该种猪称为优势杂种猪。

111. 如何计算猪的杂种优势？

杂种优势一般用杂种优势率来表示，其计算公式为：

$$杂种优势率 = \frac{杂交一代平均值 - 双亲平均值}{双亲平均值} \times 100\%$$

例如：日增重这一性状，父本为600克，母本为400克，杂交一代为560克，其杂种日增重优势率为：

$$杂种猪日增重优势率 = \frac{560 - \dfrac{600+400}{2}}{\dfrac{600+400}{2}} \times 100\% = 12\%$$

112. 二元杂交猪有什么特点？

二元杂交是最简单、最普遍采用的一种杂交方式。它是选用两个不同品种猪分别作为杂交的父母本，只进行一次杂交，专门利用第一代的杂种优势来生产商品肉猪（图3-84）。

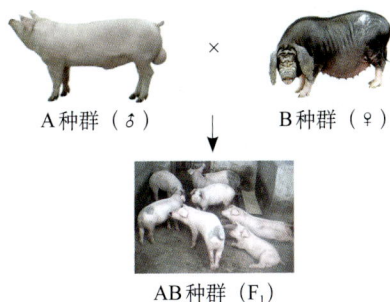

二元杂交的特点是杂种一代无论公猪、母猪全部不作为种用，不再继续配种繁殖，而全部作为商品猪育肥。这种杂交方式简单易行，只需进行一次配合力测定即可，对提高肉猪的产肉力有显著效果。

A种群（♂）　　B种群（♀）

AB种群（F_1）

图3-84　二元杂交

113. 三元杂交猪有什么特点？

三元杂交又叫三品种杂交，即先选用两个品种猪杂交，产生在繁殖性能方面具有显著杂种优势的子一代杂种母猪，再用第二个父本品种猪与其杂交，所产生的后代全部作为商品猪育肥。

在杂交过程中，一般第一、第二父本利用高瘦肉率的品种，而第二父本还应选择生长发育快、育肥性能好的公猪。例如，在养猪生产中采用的杜长大、杜大长、杜长本、汉长本等杂交形式都属于三品种杂交（图3-85）。

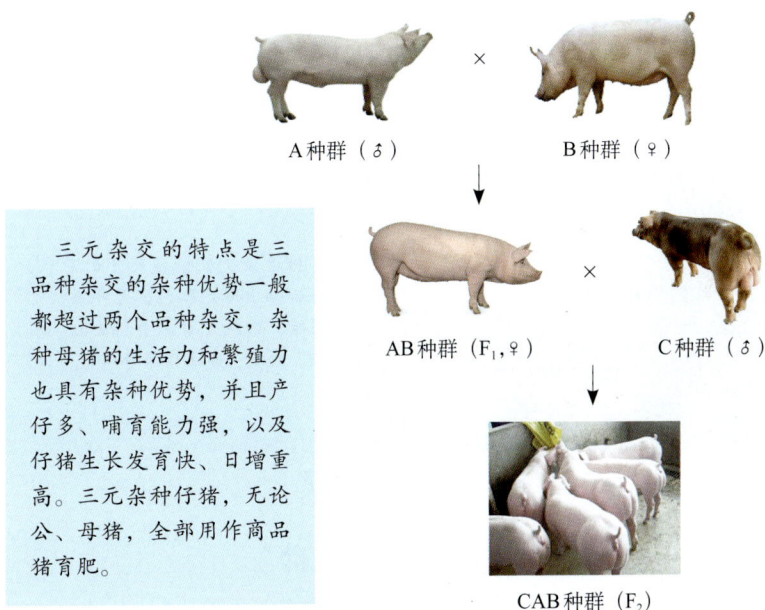

A种群（♂）　　B种群（♀）

三元杂交的特点是三品种杂交的杂种优势一般都超过两个品种杂交，杂种母猪的生活力和繁殖力也具有杂种优势，并且产仔多、哺育能力强，以及仔猪生长发育快、日增重高。三元杂种仔猪，无论公、母猪，全部用作商品猪育肥。

AB种群（F_1,♀）　　C种群（♂）

CAB种群（F_2）

图3-85　三元杂交

114. 饲养杂交猪有什么好处？

（1）猪杂交后能产生杂交优势，生长速度比较快，瘦肉率高，容易饲养管理；杂种母猪繁殖效率高，产仔多，且仔猪初生重和断奶重大。

（2）杂交猪饲料利用率高，本地猪每增重1千克需配合饲料4千克，而杂交猪则需3千克左右。

（3）是提高经济效益、大力发展养猪业的重要途径。

115. 杂种猪为什么不能作为种猪使用？

杂种猪是由两个具有一定遗传差异的品种杂交产生的，但是杂种一代、二代、三代猪的遗传性能不稳定，若用作亲本繁殖，所产生的后代多数不向杂种优势方向发展；又因血缘相近，所以会出现近亲繁殖，导致生活力下降。

116. 猪生产中为什么要避免近亲繁殖？

猪近亲繁殖是指血缘关系相近的公、母猪之间的交配，如父女之间、母子之间、兄妹之间等，其弊端较多，主要表现在以下几方面：

（1）降低繁殖力　近亲交配繁殖使母猪产仔数减少，仔猪成活率降低。

（2）抑制后代发育　近亲交配繁殖的后代体形变小，体质变弱，生长缓慢，对外界不良环境的抵抗力降低。

（3）降低饲料利用率　近亲交配繁殖的后代利用饲料的能力降低。

（4）后代易出现畸形胎或死胎　见图3-86。

猪近亲交配繁殖所产的后代，有时会出现无肛门、无耳朵、无眼睛，四肢发育不全，头大、水肿、双头，连体猪等畸形胎。

图3-86　双头猪

117. 猪常见的经济杂交模式有哪几种？

（1）二元杂交　二元杂交又称单杂交或单交，是利用2个品种或品系的公、母猪进行杂交（图3-84）。

（2）**三元杂交** 三元杂交是利用三个品种或品系的公、母猪进行杂交（图3-85）。

（3）**四元杂交** 四元杂交又称双杂交，是用4个品种或品系参与，先进行两品种二元杂交，产生两种杂种猪。然后从两种杂种猪中选出公、母猪分别作父本和母本，再进行一次简单的杂交，产生四元杂种商品代，所得四元杂种猪全部作为商品猪育肥（图3-87）。

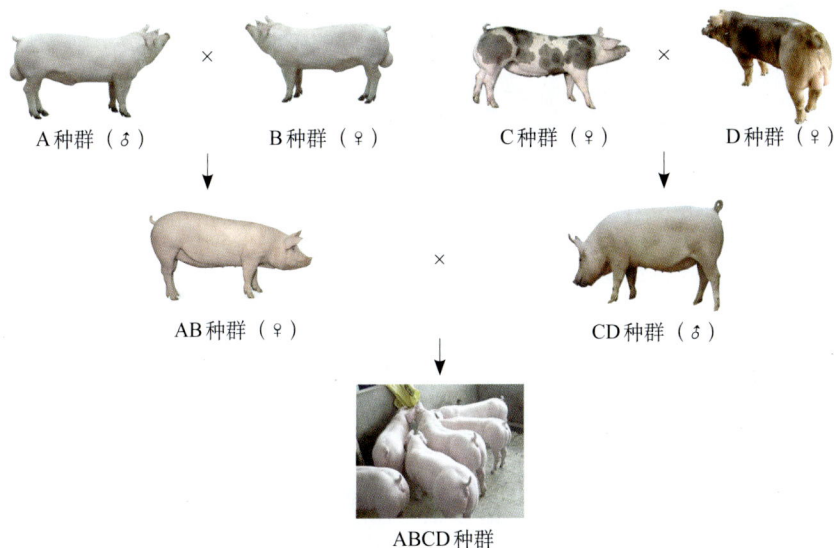

图3-87 四元杂交

118. 影响猪经济杂交效果的因素有哪些？

（1）**品种** 不同品种（品系）间杂交的效果不一样，杂交品种的性状有无杂种优势，取决于亲本品种的选择。国内猪种与国外猪种杂交，其杂交效果较好。

（2）**经济类型** 不同经济类型（即脂肪型、瘦肉型、脂肉兼用型、肉脂兼用型）猪之间的杂交效果不同。例如，用苏联大白猪品种的脂肪型品系和瘦肉型品系杂交，以瘦肉型公猪配脂肪型母猪的杂交效果最好，其杂种猪体重达100千克，所需饲养天数较其他组合提前7~8天，日增重提高31~53克。

（3）**杂交方式** 不同杂交方式致使杂交效果不同，两元间杂交时其正反交的效果不同。三元间杂交时，其杂交效果优于两元杂交，三元杂交不但所用母猪是一代杂种猪（一代杂种母猪生活力强、产仔多、哺育率高），而且又利用了第二代杂交父本增重快、饲料利用率高的特点。因此，三元杂交可获得良好的杂交优势（图3-88）。

三元杂交后，仔猪初生重、断乳重、日增重和每千克增重饲料消耗等均比两品种杂交的效果好。

图3-88　杜长大三元杂交猪

（4）饲养条件　在不同营养水平下，杂交的效果不一样。中等营养水平下饲养的杂种猪，其日增重优于低等营养水平下饲养的杂种猪。

（5）个体条件　不同个体的杂交效果不同，同一品种中不同个体之间存在着差异，这对杂交效果可产生一定的影响。

119. 开展猪经济杂交利用应注意哪些问题？

（1）杂交亲本的选择　一般母本应选择饲养数量最多、适应性强、繁殖力高、母性好、泌乳力强、体格大小适中的本地品种，如太湖猪母猪（图3-89）。父本应选择生长速度快、饲料利用率高、胴体品质好和瘦肉含量高的引入品种和我国自己培育的瘦肉型品种，如杜洛克猪、江普夏猪、大约克夏猪、上海白猪、新淮猪等。

图3-89　太湖猪母猪

（2）杂交方式的选择　一般来说，农村养猪以采用两元简单杂交为宜。此法以当地母猪作母本，引入父本品种就可以进行杂交。在具有一定规模的商品猪场，可采用复杂的生产杂交，如三元或四元杂交，以充分利用杂交母猪的杂交优势。

（3）配合力测定及杂交组合确定　配合力就是两个品种（品系）通过杂交能获得的杂种优势程度，通过杂交试验进行配合测定是选择最优杂交组合的必要方法。杂交组合是根据经济杂交目的和特殊配合力的测定结果来确定的，如根据生长速度快、饲料利用率高、瘦肉产量高、繁殖力强等性状和高的杂种优势率来确定。

（4）加强杂种猪的饲养管理　如果饲养管理条件差，饲料营养不能满足杂种猪生长发育的要求，即使是理想的杂交组合也不能表现出高的杂种优势率。因此，应给杂种猪创造相应的饲养管理条件，使其充分发挥自己的遗传潜力。

120. 我国猪生产中有哪几个优良的杂交组合？

（1）杜湖猪　杜湖猪是指以湖北白猪为母本，与杜洛克猪公猪杂交所生产的商品瘦肉猪（图3-90）。

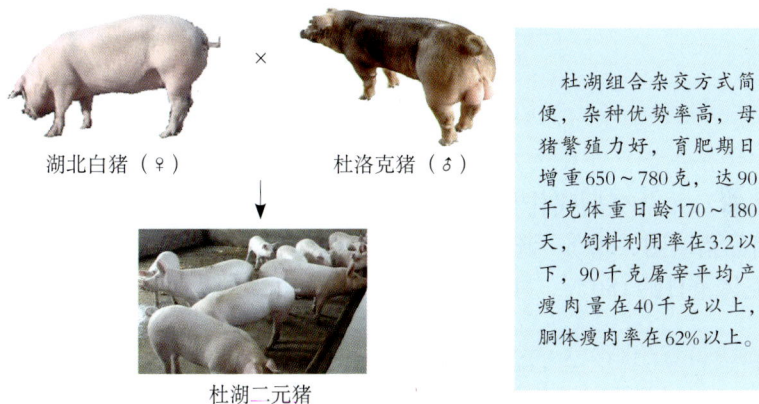

湖北白猪（♀）　　×　　杜洛克猪（♂）

杜湖二元猪

图3-90　杜湖杂交猪

杜湖组合杂交方式简便，杂种优势率高，母猪繁殖力好，育肥期日增重650～780克，达90千克体重日龄170～180天，饲料利用率在3.2以下，90千克屠宰平均产瘦肉量在40千克以上，胴体瘦肉率在62%以上。

（2）杜浙猪、杜三猪、杜上猪　这3个杂交组合分别以浙江中白猪Ⅰ系、三江白猪、上海白猪为母本，以杜洛克猪为杂交父本所生产的商品瘦肉猪。该杂优组合猪日增重600克以上，饲料利用率3.2～3.4，胴体瘦肉率58%～61%。

（3）杜长太猪　杜长太猪是以太湖猪为母本，与长白猪公猪二元杂交所生产的母猪，再与杜洛克猪公猪进行三元杂交所生产的商品育肥猪（图3-91）。

（4）杜长大猪（或杜大长猪）　杜长大猪是以长白猪与大白猪二元杂交后代作母本，再与杜洛克猪公猪进行三元杂交所产生的商品猪。该组合日增重可达700～800克，饲料转化率在3.1以下，胴体瘦肉率达63%以上，由于利用了3个外来品种的优点，故后代体形好、瘦肉率高，深受港澳市场欢迎。但后代对饲料和饲养管理的要求相对较高。

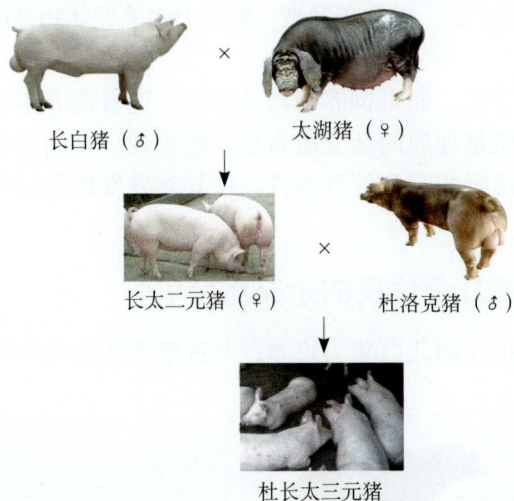

长白猪（♂）   ×   太湖猪（♀）

长太二元猪（♀）   ×   杜洛克猪（♂）

杜长太三元猪

杜长太杂交组合日增重达550～600克，达90千克体重日龄180～200天，胴体瘦肉率58%左右。该种猪适合当前我国饲料条件较好的农村地区饲养和推广。

图3-91 杜长太杂交猪

（5）大长本猪（或长大本猪） 大长本猪是用地方良种母猪与长白猪或大白猪公猪的二元杂交后代作母本，再与大白猪或长白猪公猪进行三元杂交所生产的商品猪（图3-85）。该组合日增重600～650克，饲料转化率在3.5左右，达90千克体重日龄180天，瘦肉率50%～55%。

第四章

仔 猪 生 产

121. 新生仔猪有哪些生理特点？

（1）**调节体温的能力差**　刚出生的仔猪大脑皮层发育不够健全，通过神经系统调节体温的能力较差（图4-1）。

新生仔猪被毛稀疏，皮下脂肪少，故保温能力差，常常会发生冻僵、冻昏、冻死的现象。

图4-1　刚出生的仔猪怕冷

（2）**抗病能力较差**　新生仔猪由于缺乏先天性抗体，故出生后身体很弱。如果没有及时吃到初乳，就不能获得先天性母源抗体，抵抗力低下，容易受疾病侵袭而发病（图4-2）。

（3）**消化能力弱**　新生仔猪的消化器官发育不完善，消化腺不发达，特别是不能消化植物性蛋白质。而肠腺和胰腺发育比较完全，所以新生仔猪只能消化乳蛋白、乳脂和乳糖。

（4）**生长发育速度快**　仔猪出生时体重虽然轻，但物质代谢旺盛，所以生长发育速度很快（图4-3）。

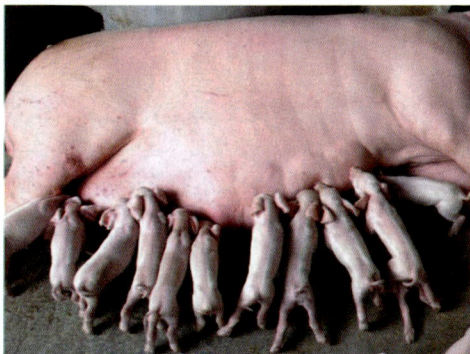

图4-2　刚出生的仔猪缺乏先天性免疫力

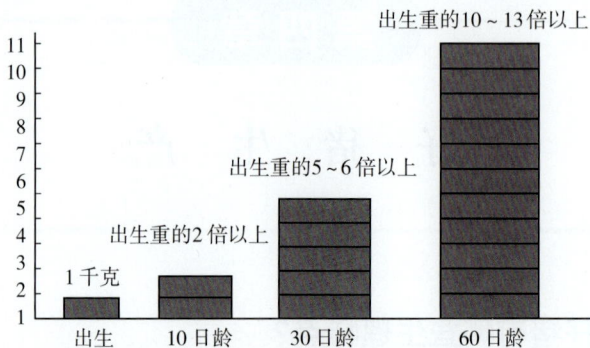

图4-3　仔猪出生后增长速度示意图

（5）**易患缺铁性贫血**　仔猪出生时体内的含铁量不足50毫克，只够其1周生长所需要。母乳中铁的含量很低，所以仔猪从出生8～12天就会开始出现缺铁现象。若同时伴有腹泻，则贫血更为明显。

122. 如何抢救假死仔猪？

有些仔猪出生后全身发软，呼吸微弱甚至停止，但心跳仍在微弱跳动（用手压脐带根部可摸到脉搏），此种情况称为仔猪的"假死"。遇到这种情况应立即急救。

（1）**人工呼吸法**　将假死仔猪仰卧在垫草上，把鼻孔和口腔内黏液清除干净，盖上纱布进行人工呼吸。

抢救者一只手抓住假死仔猪的头颈部，对着猪的口、鼻，另一只手将4～5层的医用纱布捂住猪的口、鼻，然后隔着纱布向其口内或鼻腔内吹气，并用手按摩其胸部。

（2）**温水浸泡法**　抢救者用手抓住仔猪双耳或两前肢，突然将其放入40～45℃的温水里，使头部露出水面，浸泡3～5分钟，以此激活仔猪。

（3）**倒提拍打法**　按图4-4操作进行。

（4）**刺激胸肋法**　按图4-5操作进行。

（5）**涂抹刺激物或用针刺激法**　可在仔猪鼻盘部涂抹酒精、氨水等有刺激性的物质，或用针刺激的方法进行抢救。

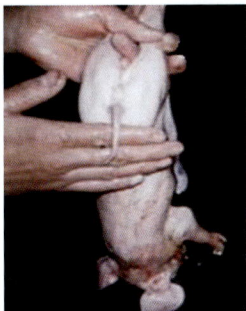

抢救者先抠除干净假死仔猪口腔及鼻周围黏液，一只手提起仔猪的两后肢，使头朝下尾向上；另一只手轻轻拍打仔猪背部和臀部，使口、鼻内的羊水和黏液流出，当仔猪发出叫声，表明已救活。

图4-4　假死仔猪倒提拍打抢救法

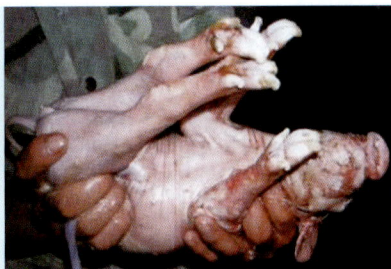

抢救者先抠除干净假死仔猪口腔及鼻周围黏液，一只手抓住臀部，另一只手抓住肩部，使仔猪的躯干向胸部反复做仰俯运动，以刺激胸肋部，直至假死猪恢复自由呼吸。

图4-5　假死仔猪刺激胸肋抢救法

（6）注射药物法　在紧急情况时，可以注射尼可刹米，或用0.1%肾上腺素1毫升直接注入假死仔猪的心脏急救。

对救活的假死仔猪必须进行人工辅助哺乳2～3天，使其尽快恢复健康。

123. 如何给新生仔猪保温？

新生仔猪皮薄、毛稀，没有皮下脂肪，调节体温的能力差，低温环境下易患低血糖、感冒、肺炎等疾病。因此，必须做好保温工作（图4-6和表4-1）。

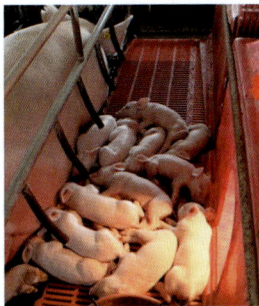

在保温箱内安装150～250瓦红外线灯泡，寒冷季节还可以在箱内放置电热板。如果没有条件，则可以在母猪圈内用砖砌一个仔猪保温圈，圈内铺上软草，草上铺毛毯或毛毡，防止仔猪因怕冷钻到母猪腹下被压死、冻死。

图4-6　新生仔猪用保温箱保温

表4-1　哺乳仔猪的适宜温度（℃）

时间	初生	1～3日龄	4～7日龄	8～14日龄	15～30日龄	2～3月龄
温度	35～36	30～32	28～30	26～28	24～26	22

注：母猪的适宜温度为15℃，产房温度不能低于10℃。

124. 为什么要让新生仔猪吃足初乳？

　　初乳中含有大量免疫球蛋白，具有抑菌、杀菌、增强机体抵抗力等功能。此外，初乳酸度较高，含有较多的镁盐（有轻泻作用），仔猪产出后及早吃到、吃足初乳，还能促进胎便排出。仔猪出生1周后，初乳中的免疫球蛋白含量直线下降（图4-7）。因此，仔猪出生后应尽早吃到、吃足初乳，以获得免疫力。

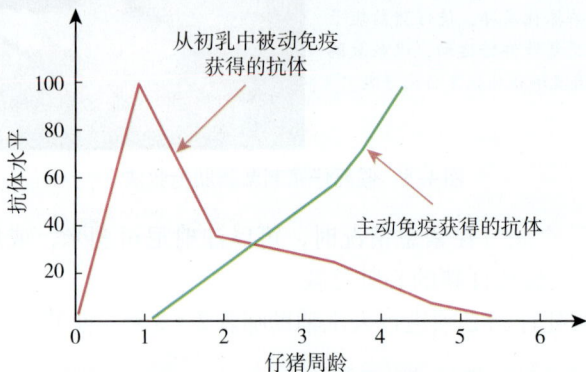

图4-7　新生仔猪免疫机能变化

125. 如何给新生仔猪固定奶头？

　　刚初生的仔猪不要马上让其吃奶，待全部出生完（一般2～3小时）把母猪乳房擦拭干净后统一喂奶。可把个小体弱的固定到前边奶头吃奶，把个大体壮的固定到后边吃奶。每次哺乳时要看好，以防换位（在仔猪身上做记号）。经过3天的奶头固定后，仔猪吃奶便会各就各位，不再争抢。若仔猪数过多，可以分2批固定（图4-8）。

图4-8　人工辅助固定奶头

126. 提高新生仔猪成活率的主要措施有哪些？

（1）**固定奶头，早吃初乳** 目的是让新生仔猪早吃初乳、吃足初乳，获得先天免疫力。

（2）**防止被压死，确保成活** 为防止新生仔猪被母性较差的母猪压死，产后几天内要有专人日夜护理。对个别母性特差的母猪，在产后3～4天内应把全窝仔猪放在育仔箱（或育仔栏）内，每隔0.5～1小时放出喂乳1次，之后赶入箱（栏）内。注意防寒保暖，预防感冒（图4-9）。

图4-9 加强产后母猪的护理

（3）**预防贫血，补喂矿物质** 通常于生后第3天，给每头仔猪肌内注射铁钴合剂2～3毫升；或者在颈部肌内注射右旋糖酐、血多素、牲血素或右旋糖铁钴合剂等100～150毫克（图4-10）。也可用硫酸亚铁2.5克、硫酸铜1克，溶于100毫升水中，用滴管于仔猪哺乳时滴在母猪奶头上使仔猪吸入。

（4）**勤添水，勤换水** 仔猪出生后3～5日龄，就应开始补充饮水。有条件的在猪圈内安装自动饮水器。如无饮水器，则应自仔猪出生后3天开始，用浅盘盛水供其饮用（图4-11）。

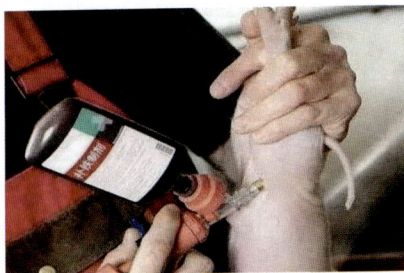

图4-10 及时给新生仔猪补铁

图4-11 及早让新生仔猪饮水

（5）**清洁卫生，预防疾病** 仔猪生活的场所必须保持干燥、温暖、清洁；饲槽、圈内外要经常清洗、消毒；在饲料中加入适量生态制剂，既能促进仔猪的生长发育，又有增强其对疾病的抵抗力。

127. 如何给新生仔猪并窝和寄养？

并窝是指将母猪产仔数较少的不同窝（2～3窝）的仔猪合并起来，给其中一头泌乳量较大的母猪哺养。寄养是指将母猪生产的多余的仔猪给代哺母猪哺养。并窝和寄养时应注意以下几点（图4-12、图4-13）：

（1）选择的代哺母猪的分娩日期与生产母猪的基本相同，相差最多不能超过3天。

（2）选择的代哺母猪必须性情温驯、母性好、泌乳量高。

（3）寄养最好选择同胎次的母猪。

（4）被并窝和寄养的仔猪必须保证已吃到初乳。

（5）寄养时尽量挑选体形大和体质强的新生仔猪。

（6）为防止母猪拒绝外来仔猪吃奶，可在并窝和寄养的仔猪身上涂抹代哺母猪的尿液，或喷洒气味相同的液体（如2%来苏儿溶液）以掩盖仔猪的异味，趁代哺母猪不注意时将仔猪放入其身边吸乳。一般吸吮1～2次代哺母猪的乳汁，并窝和寄养就成功了。

图4-12 新生仔猪并窝和寄养

图4-13 防止母猪拒绝外来仔猪吃奶

128. 为什么要给新生仔猪诱食教槽料（开口料）?

新生仔猪的消化功能只适应母乳，为了提高其胃肠道对以植物原料为主的固体饲料的适应性，增强其断奶后对饲料的消化率，促进其快速生长发育，一般在断奶前给其提早诱食一种低抗原、易消化的优质饲料，即教槽料（也称开口料）（图4-14）。

给仔猪早期诱食教槽料，既能补充母乳供应不足的一部分营养，同时还能使仔猪的消化器官与机能得到锻炼，促进胃肠发育。

图4-14 新生仔猪吃教槽料

129. 为什么要给新生仔猪进行早期补料？

给新生仔猪进行早期补料有以下好处：①提高仔猪断奶窝重和经济效益；②增强仔猪的抗病力，提高成活率；③提早给仔猪断奶，能促进母猪早发情、早配种，提高母猪的繁殖效率。

130. 为什么说给7～8日龄新生仔猪进行诱食补料最适宜？

6～7日龄新生仔猪开始长牙，牙床发痒，会到处觅食东西而磨牙。此时期（7～8日龄）若给仔猪人工诱食教槽料（开口料），仔猪采食时既可以磨牙，又能促进消化，早日建立和完善消化酶系统，同时也避免了腹泻的发生。另外，仔猪在吃奶期间，一般不会吃其他食物，错过磨牙的机会更难诱食。若过早诱食，则会影响仔猪吸吮初乳，不利于其生长发育；过迟诱食仔猪不愿吃，诱食很难执行。因此，新生仔猪于出生后7～8日龄开始诱食是最佳时机（图4-15）。

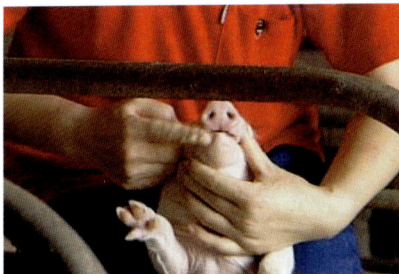

给新生仔猪诱食时，可将饲料调成糊状（在早春要用温水调料，以提高料温），用手指或竹木片蘸取少量饲料糊给仔猪抹喂。1天3次，连续2天，然后把教槽料放到料槽或料盘内让仔猪自己采食即可。

图4-15　给新生仔猪诱食

131. 给新生仔猪进行早期诱食应掌握哪三个关键问题？

（1）饲料配方的全价性　全价的仔猪料应该是高能量，各种必需氨基酸、维生素、微量元素齐全，一般每千克饲料含消化能13.40～14.23兆焦、粗蛋白质18%～20%、赖氨酸1.15%～1.40%、蛋氨酸+胱氨酸0.60%～0.75%。

（2）饲料的诱食性　仔猪喜食甜味和香味，可在饲料中加入白糖或糖精。添加香精对仔猪更富有引诱性，常用的饲料香精有柑橘、甘草、兰香素等几种。此外，为了提高饲料的适口性，配制仔猪饲料的原料必须尽量粉碎，其细度通常小于1毫米。

（3）诱食时间　一般从7日龄开始，最初喂量要少，以后逐渐加量。经过此操作，仔猪一般于10日龄左右就能认食，15～20日龄就能开食。开食后日喂5~6次，料水比以1：（1.2~1.5）为宜，并及时给其供应清洁的饮水。

132. 为什么要给新生仔猪补铁？

　　新生仔猪出生时体内铁的贮备量只有30~50毫克，每天生长需铁7~10毫克。而母猪奶中的含铁量很低，每头仔猪每天从奶中得到的铁不足1毫克。如果不给仔猪补铁，则其体内铁的贮量将在1周内耗完，仔猪就会患贫血症。因此，必须给哺乳仔猪补铁。仔猪最适宜的补铁时间一般在出生后2~4天，方法有以下几种：

（1）注射血多素或右旋糖酐铁钴合剂（图4-16）

仔猪3日龄时在其颈部或后腿内侧肌内注射血多素或牲血素1毫升（每毫升含铁200毫克），1次即可。若使用右旋糖酐铁钴合剂，则注射2~4毫升（每毫升含铁30毫克），3日龄和33日龄时各注射1次。

图4-16　给新生仔猪补铁

（2）口服铁铜合剂（图4-17）

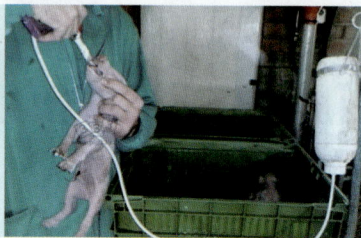

取硫酸亚铁2.5克、硫酸铜1克、清水100毫升，溶解、过滤后装入奶瓶中。当仔猪吸乳时滴于母猪奶头上，也可用奶瓶直接滴喂。每天1~2次，每头每天10毫升。

图4-17　给新生仔猪口服铁铜合剂

（3）喂红黏土（图4-18）

在猪栏内的一角放上一个盛有清洁红黏土（内含丰富的铁）的浅框或在清洁的地上撒一层红黏土，让仔猪自由拱玩、啃食，亦可有效地防止仔猪贫血。

图4-18　在猪圈内投放红黏土

> **【提示】** 在仔猪出生后1周内尽量减少仔猪的应激，以免影响其吸吮初乳。

133. 为什么要推广哺乳仔猪早期断奶技术？

多少年来我国哺乳仔猪大都实行60日龄断奶，母猪生产周期为：妊娠114天+哺乳60天+配种7天＝181天，平均年产仔1.6窝，育活仔猪14头左右，养殖户盈利少。在养猪业发达的国家，仔猪早期断奶早已得到了推广应用，在养猪生产中多数国家推广4～5周龄断奶。缩短母猪的哺乳期、使仔猪早期断奶，是提高母猪年产仔窝数最简单、最有效的办法。

实行早期断奶，仔猪哺乳期由8周缩短到3～5周，母猪年产仔可达到2.2～2.5窝，每窝成活仔猪9～10头，大大提高了母猪的利用效率和繁殖力。另外，实行早期断奶，在人为控制环境中养育断奶仔猪，可促进断奶仔猪生长发育，使其体重大小均匀一致，降低患病和死亡的概率。

134. 哺乳仔猪什么时间断奶最好？

一般来说，生产中哺乳仔猪的断奶时间最好不要早于21日龄，否则会给仔猪的人工培育带来许多困难，影响仔猪的成活率。对于条件较好的猪场，可适当提前断奶，条件差的则应适当推迟，一般优良品种猪21日龄、土杂猪28日龄（体重均达到7千克以上）断奶最适宜。

135. 怎样给哺乳仔猪断奶？

（1）从断奶时间上看，早期断奶时间在仔猪出生后45日龄以前，常规断奶时间一般在仔猪出生后60日龄左右。

（2）从断奶过程上看，仔猪断奶常用方法有以下3种：

①一次性断奶法。即于断奶前3天减少哺乳母猪饲粮的日喂量，达到预定断奶时间时将母仔分开同时断奶。此种方法简单、操作方便，主要适用于泌乳量已显著减少且无乳腺炎的母猪。

②分批断奶法。即根据仔猪的发育情况、采食量及用途，分别断奶。此种方法费工费力，母猪哺乳期较长，但能较好地适用于生长发育不平衡或寄养的仔猪和奶旺的母猪。一般于预定断奶前1周，先将准备育肥的仔猪隔离出去，让预备留作种用和发育落后的仔猪继续哺乳，到预定断奶日期再转出母猪。

③逐渐断奶法。即是在仔猪预定断奶日期前4～6天，将母仔分开饲养。

常将母猪赶出原猪圈，然后再将其定时放回哺乳，直至断奶结束。此种方法比较完全、可靠，可减少对母仔的刺激，适用于不同情况的母猪。

136. 仔猪早期断奶需要注意哪些问题？

（1）要抓好仔猪早期开食训练（早诱食），使其尽早适应独立采食。

（2）早期断奶仔猪日粮要高能量、优质蛋白，并有较高的全价性（最好是成品教槽料），但要防止仔猪暴食（图4-19）。

断奶后第1周要适当控制仔猪的采食量，采取由少到多、逐渐添加的办法饲喂，每天喂6次。第1天平均每头仔猪150克，以后每天增加50克，第3天以后固定在250克左右。

图4-19　断奶后仔猪容易暴食

（3）断奶仔猪最好留原圈饲养，把母猪赶走（将母猪赶到以听不见仔猪叫声和闻不到仔猪气味的地方为宜）。并注意保持猪舍内清洁干燥，避免寒冷、风雨等不利因素对仔猪的影响。

（4）断奶期间要保证仔猪饮水清洁卫生、供应充足。

137. 早期断奶仔猪需要哪些营养？

（1）**能量**　由于仔猪采食量较少，因此要求每千克日粮中所含的消化能水平要高。体重为10~20千克的仔猪，其每千克饲粮中的消化能不低于13.84兆焦。

（2）**蛋白质**　体重为10~20千克的断奶仔猪，其每千克日粮中含粗蛋白质19%、赖氨酸0.78%、蛋氨酸+胱氨酸0.51%；体重为20~60千克的生长猪，其每千克日粮中含粗蛋白质16%。

（3）**矿物质**　体重为10~20千克的断奶仔猪，其每千克日粮中含钙0.64%、磷0.54%，钙与磷的比例应为（1~1.5）∶1。每千克日粮中各含铁与锌78毫克、各含碘与硒0.14毫克。

（4）**维生素**　体重为10~20千克的断奶仔猪，其每千克日粮中分别含维生素A 1 700国际单位、维生素D 1 200国际单位和维生素E 100国际单位。在断奶仔猪日粮中应适量补充品质好的青绿多汁饲料，但不能过多，否则会使仔猪发生腹泻。

138. 哺乳仔猪断奶后为什么容易发生腹泻？

哺乳仔猪早期断奶后容易发生腹泻的原因，主要有以下几方面（图4-20）。

（1）仔猪出生8周龄以前胃肠分泌机能不完善，断奶后对蛋白质消化能力差。

（2）哺乳仔猪消化道的微生物主要是乳酸菌，最宜在酸性环境中生长繁殖。断奶后，胃内pH升高，乳酸菌逐渐减少，大肠杆菌逐渐增多，原微生物区系受到破坏。

图4-20 哺乳仔猪断奶后腹泻

（3）早期断奶的仔猪失去了母源抗体的来源，而主动免疫功能又不完善，故机体抵抗力较差。

（4）仔猪对断奶的应激反应强，断奶后容易导致消化机能紊乱。

【提示】断奶后仔猪出现腹泻的原因较多，一定要先查清楚再施治。

139. 怎样饲养早期断奶仔猪？

（1）**少喂勤添，定时定量** 一般白天喂6次，每次喂八九成饱，以使其保持旺盛的食欲。夜间9—10点可加喂1次。

（2）**供给充足、新鲜、清洁的饮水** 要保证供水充足、新鲜、清洁，全天不断供应（图4-21）。

饮水量一般冬季为饲料量的2～3倍，春、秋季为饲料量的4倍，夏季为饲料量的5倍。最好是安装自动饮水器。

图4-21 仔猪用饮水器饮水

（3）**添加生长促进剂** 常用的仔猪生长促进剂有：①维生素添加剂，如维生素E和生物素，可促进仔猪生长，提高饲料转化率；②调味剂，如甜味剂，可增加适口性，提高采食量；③酸化剂，如柠檬酸、延胡索酸、甲酸钙等有机酸，可提高采食量和饲料利用率；④活菌微生态制剂，可维持消化道菌种的动态平衡，抑制和排斥病原菌，防止腹泻的发生，提高仔猪的成活率等。

140. 怎样管理早期断奶仔猪？

（1）**合理分群** 仔猪断奶后，在原圈饲养10～15天，当采食与排便正常后，再根据性别、大小、采食状况进行合理分群，以保证生长发育均匀（图4-22）。

在分群时，将个体重相差不超过3千克的合为一群。对体重轻、瘦弱的仔猪单独组群，精心饲养。并注意保持圈内清洁卫生，空气新鲜和适宜的温度。

图4-22 断奶后的仔猪应分群饲养

（2）**创造舒适的小环境** 饲养断奶仔猪的圈（舍）必须阳光充足，温度适宜（22℃左右），清洁干燥。仔猪进入圈（舍）前应彻底打扫干净，并用2%的氢氧化钠溶液全面消毒，然后铺上土与草的混合垫料（土有吸湿性，草有保暖性），为断奶仔猪创造一个舒适的小环境。

（3）**有足够的占地面积与饲槽** 断奶仔猪的占地面积以每头0.5～0.8米^{2}为好，每群一般以10头左右为宜。并设有足够的食槽与水槽，让每头仔猪都能吃饱、饮足，不发生争抢现象。

（4）**防寒保温** 在入冬前要维修好圈（舍），多垫干土和干草，并勤扫、勤垫，必要时准备草帘与火炉等，有条件时可修建暖圈或塑料大棚来饲养断奶仔猪。

（5）**调教与卫生** 从小就加强仔猪的调教训练，使其养成定时排便（尿）、定时采食、定时睡卧的"三定"习惯（图4-23）。

从小调教仔猪，使其养成在固定的地点排便（尿）、采食、躺卧的习惯。猪圈应每天打扫，定期消毒，保持清洁卫生，减少疾病的发生。

图4-23 调教仔猪，使其养成"三定"的习惯

141. 保育猪有什么生理特点？

（1）生长发育速度快（图4-24）

　　保育猪的食欲特别旺盛，常表现出抢食和贪食现象，此时期称为旺食时期。若是饲养管理得法，则仔猪生长发育迅速，日增重在500克以上。

图4-24　生长发育速度快

（2）抗寒能力差（图4-25）

　　哺乳仔猪断奶后，由于体内能量贮存不足，故体温调节机能较差，离开产房和母猪后需要有一个适应过程，若长期生活在18℃以下的环境中，则其生长发育就会受到影响。因此，要注意保温。

图4-25　保育猪怕冷，喜欢扎堆

（3）易感染疾病（图4-26）

　　由于断奶时仔猪基本失去母源抗体的保护，而自身的主动免疫功能又尚未建立，故易感染疾病，尤其是易感染传染性胃肠炎、圆环病毒病（断奶仔猪多系统衰竭综合征）等疾病。

图4-26　断奶仔猪多系统衰竭综合征症状

142. 保育猪饲养管理中要注意哪四个问题？

（1）保证全进全出（图4-27）

保育阶段正好是仔猪的被动免疫减弱、主动免疫产生的交替阶段，此阶段如果做不到全进全出，将给仔猪的日常饲养管理带来困难。

图4-27 给断奶仔猪实行全进全出制

（2）控制保育舍内环境（图4-28）

做好保育舍的保温工作是保育猪日常管理的重点，舍内温度一般不能低于26℃。同时，注意舍内通风换气，特别是在保育后期，通风换气量应该是前期的32倍以上。

图4-28 保育舍内环境的控制

（3）降低由疫苗注射免疫引起的猪群应激（图4-29）

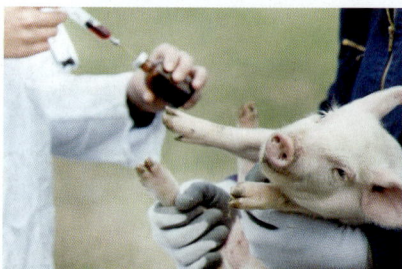

频繁的免疫注射会使仔猪在接受断奶、环境改变、重新组群的应激之后，仍处于一个高度应激的环境中，给猪群带来很大的危害。因此，应提倡母仔免疫一体化，尽量减少仔猪的免疫次数。

图4-29 减少疫苗注射对仔猪的应激

（4）保育阶段的数据统计与问题分析　仔猪在8周龄以上已经达到了快速生长期，而从8周龄到出栏的生长率在保育阶段已被确定。如果仔猪在保育期的生长加速受到影响而延迟生长，则育肥期的生长必将受到持续影响。这就需要一系列的数据来帮助发现问题，并对其进行系统分析，找出保育猪生长受阻的根源并及时解决。为此，人们根据保育阶段仔猪生长的快慢对育肥猪的影响总结出一个公式：

保育猪30千克体重的日龄×2.1＝该猪长到100千克的时间（天）。

143. 如何预防仔猪断奶后的应激？

天气恶劣时，要严防贼风侵入，尤其是夜间，避免仔猪受寒。在条件许可的情况下，要把仔猪留在原舍饲养，把母猪移走。对刚断奶的仔猪，必须给其饲喂近似母乳的饲料（保育前期料），特别是含蛋白质、无机盐类及钙质丰富的饲料，并将饲料调制得易于消化。断奶第2～7天可适当限料，降低日粮中的蛋白质含量。一旦发现仔猪患病，则应立即予以治疗。

144. 怎样挑选仔猪？

选好仔猪是养好育肥猪的基础和前提，要想挑选长得快、节省料、发病少、效益高的仔猪，需从以下几个方面考虑：

一看（图4-30）：健康仔猪眼大有神，皮毛光洁，动作灵活，行走轻便；白猪皮色肉红，没有卷毛、散毛、皮垢、眼分泌物、异臭味，后躯无粪便污染，贪食，常举尾争食。如果仔猪目光呆滞、跛行、卷毛、毛乱，眼有分泌物，后躯有粪便污染，多处于生病或不健康状态。

二问：问明仔猪的品种，是否经当地兽医部门的产地检疫并索要检疫证明，当地是否有某种传染病流行，猪群是否注射过相关疫苗等。

三选（图4-31）：挑选同窝仔猪体重大、身腰长、前胸宽、嘴短、后臀丰满、四肢粗壮而有力、体长与体宽比例合理、有伸展感的仔猪，不选"中间大，两头小"的短圆形仔猪；挑选父本为外来良种的杂交仔猪，最好是三元杂种猪，不选地方品种纯种的仔猪；选择带有耳标（已注射过疫苗），不选没有防疫的仔猪饲养。

图4-30　健康仔猪的状态

图4-31　仔猪个体选择

➡️ 【提示】挑选好的仔猪是养好猪的重要环节，仔猪的好坏直接影响将来的生产性能。

145. 如何饲养新购仔猪？

（1）**做好仔猪购前的准备工作** 在准备购进仔猪前5～10天，先将栏舍清扫干净，尤其是发生过疫病的栏舍，应进行全面、彻底消毒。消毒可根据病原选用2%的氢氧化钠溶液、2%～10%的来苏儿溶液等（图4-32）。

（2）**了解新购仔猪的基本情况** 在购买仔猪时应问清仔猪以前喂料的种类、饲喂次数及时间等。

（3）**做好饲喂** 对新购仔猪在4～5天内要限饲，少喂勤添。一昼夜喂6～8次，以后逐渐减少次数。日投料量控制在原日粮的70%左右，以后再逐渐增加，让其自由采食。新购进的第1天，先一次喂给0.1%的高锰酸钾水溶液，或口服补液盐水、多维素水，或在水中加入微生态制剂，并坚持供给充足的清洁饮水，饮水后让其自由活动。入圈后15天内严禁饲喂青绿多汁饲料（图4-33）。

图4-32 仔猪进栏前的准备工作

图4-33 新购仔猪的饮水和饲喂

（4）**及时做好免疫** 经7～10天的观察，在确定仔猪一切正常的情况下，可给未预防接种的仔猪，按免疫程序进行猪瘟、圆环病毒病、伪狂犬病、气喘病及口蹄疫等的预防接种（图4-34）。

（5）**合理进行驱虫** 新购进的仔猪经15～30天单独饲养后，若无疾病发生，可用盐酸左旋咪唑、伊维菌素等药物进行驱虫。经3～5天观察，如果仔猪没有异常表现和发病征兆，即可和其他仔猪合群混养（图4-35）。

➡️ 【提示】在装车或卸车时，切忌给仔猪注射任何疫苗。

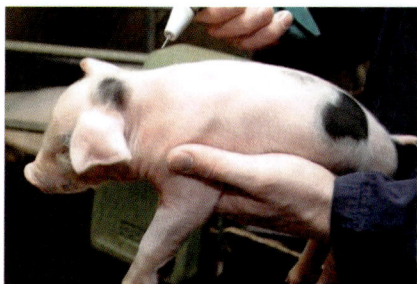

图4-34　及时做好疫苗注射

图4-35　给仔猪进行驱虫

（6）防止仔猪腹泻，增强消化力（图4-36）

防止仔猪腹泻，可在饲料中添加多西环素，每日每头0.4～0.8克。同时，为增强仔猪肠道的适应能力，可在饲料中添加酵母粉或苏打片，连续饲喂7～10天。

图4-36　预防仔猪腹泻，增强消化力

146. 如何使仔猪安全过冬？

（1）注意猪群大小要适宜（图4-37）

仔猪断奶后需要转群、分群和并群。转群最好原窝转，分群和并群应视仔猪的大小合理安排，一般每群以10头左右为宜。

图4-37　猪群大小要适宜

（2）保持猪舍温暖（图4-38）

猪舍应背风向阳，入冬前要将猪舍封严，可在西、北墙外堆积玉米秸秆或稻草，以阻挡西北风；夜间关闭好门窗，并用草帘或秸秆遮挡门窗，防止冷风侵入。舍内要勤清粪便，多铺垫草或木板，有条件的可用取暖设备，保持猪舍温度在6℃以上。

图4-38　保持猪舍温暖

（3）给猪群增加能量（图4-39）

冬季气温低，日粮中要适当提高能量饲料的比例。白天增加饲喂次数，夜间可增喂一次。避免给仔猪饲喂冰冷的湿料，饮用水适宜的温度为25℃左右。同时，适当增加饲养密度（可比夏季时增加40%的数量）。

图4-39　适当增加能量和饲养密度

147. 仔猪为什么要去势？

母仔猪性成熟后每间隔18～24天就要发情一次，持续期为3～4天，多者为1周。母仔猪在发情期内，表现神情不安，食欲减少，影响休息，增长缓慢，饲料利用率低，公猪更是如此。而去势后的公、母仔猪则无以上现象，且性情变得安静温顺，食欲好，增长速度快，肉脂无异味。

148. 仔猪在什么时间去势最适宜？

现代培育品种瘦肉型猪性成熟较晚，在高水平饲养条件下5～6月龄（体重可达90～110千克）即可上市。但公猪比母猪和阉猪长得快，因此饲养没有地方猪种参与的两品种和三品种杂种瘦肉型猪，育肥时可只给公猪去势，不给母猪去势。

149.怎样给小公猪去势？

小公猪一般于出生后7～8日龄去势（视频4），去势方法和步骤如下：

（1）术前准备　先准备一把去势刀（刮脸刀片也可）、5%碘酊5毫升、干净的棉球若干。

视频4

（2）保定　术者左手抓住仔猪的右后肢，将其左侧横卧地，背向术者，然后左脚迅速踩住猪的头颈部，右脚踩住猪的左后肢或尾巴，使猪略呈仰卧姿势，术者呈现半蹲式（或坐在凳子上）。局部消毒后，术者左手紧握一侧睾丸挤向阴囊底部，将其固定住（图4-40）。

（3）摘除睾丸　术者右手持刀片，在阴囊底部纵向切开一个2厘米长、1厘米深的切口，挤出一侧睾丸，用手撕断鞘膜韧带（白色韧带），用力拉断（捋断）精索，取出睾丸，涂擦5%碘酊消毒；在同一切口内切开中隔，以同样的方法摘除另一侧睾丸，最后提起仔猪后肢抖动几下即可（图4-41）。阴囊切口及阴囊内要用3%～5%碘酊消毒，切口一般不需缝合。但去势后要注意保持圈内清洁卫生，以免引起伤口感染。

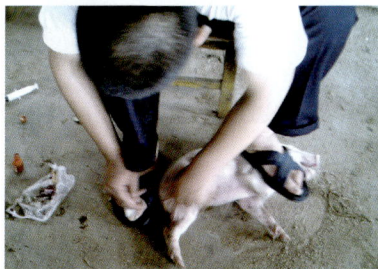

图4-40　保定公猪，固定睾丸

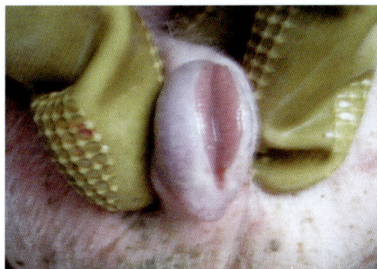

图4-41　摘除睾丸

150.怎样给小母猪去势？

小母猪去势是指给1～2月龄或体重在5～15千克以内不作为种用的小母猪摘除卵巢、子宫体及两个子宫角的一种方法（视频5），去势方法和步骤如下：

视频5

（1）术前准备　小母猪去势刀一把，3%～5%碘酊。仔猪术前停食一顿，以减少肠内容物。

（2）固定（图4-42）

术者左手抓住小母猪左后肢，向外倒提，将猪头向右轻放着地，把猪颈部放在右脚尖前面，让猪体右侧卧于地面上，将猪左右腿向后拉直。左脚踩在仔猪右小腿上，右脚踩其颈部，将小母猪固定。

图4-42　固定小母猪

（3）术部消毒（图4-43）

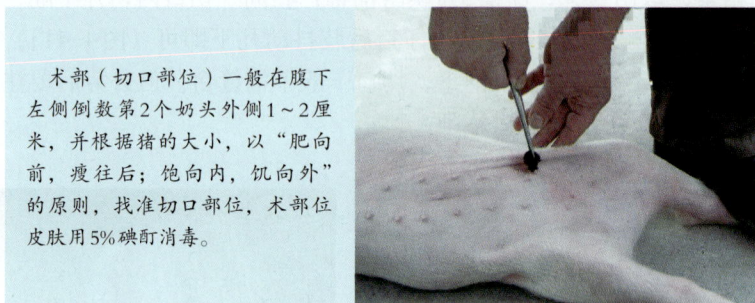

术部（切口部位）一般在腹下左侧倒数第2个奶头外侧1~2厘米，并根据猪的大小，以"肥向前，瘦往后；饱向内，饥向外"的原则，找准切口部位，术部位皮肤用5%碘酊消毒。

图4-43　术部消毒

（4）切口固定（图4-44）

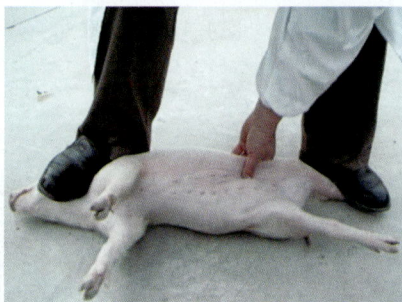

术者以左手中指顶住左侧髋结节，拇指向中指顶住的部位垂直方向用力下压。拇指和中指尽可能接近，按得越紧，刀口离卵巢越近，子宫角就容易涌出切口，此时拇指左端的压迫点即是切口部位。

图4-44　切口固定

（5）指法操作（图4-45）

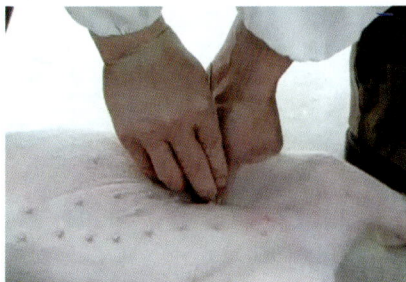

术者左右用力向腹壁按压，右手持刀，以45°的角度一并切开皮肤、肌肉和腹膜1~1.5厘米，并轻轻向左右扩大创口。此时腹水涌出，随猪发出嚎叫声，腹压增大，子宫角和卵巢就会从腹腔自然脱出创口。

图4-45　指法操作

（6）摘除子宫（图4-46）

当子宫角暴露切口以外，应立即放下右手术刀，以食指、中指和无名指指尖合力压紧创口的右后缘，左手自然屈曲，并以食指第二指节的背面，用力压紧创口的左后缘。左右手交替滑动，拉出子宫角、子宫体和卵巢，并将其摘除。

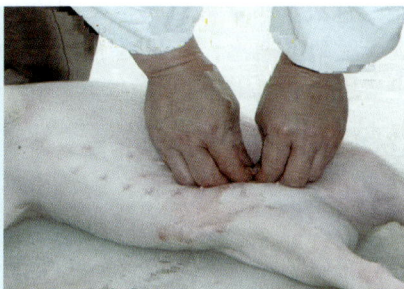

图4-46　摘除子宫

（7）结束手术（图4-47）

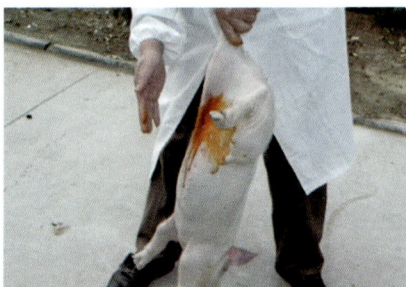

操作完毕，提起仔猪的左后肢轻轻摇晃几下，防止肠管粘连，或用手捏住切口，拉一拉皮肤，防止肠管嵌叠。切口用5%碘酊涂擦即可。

图4-47　结束手术

151.母猪在哪些情况下不能去势？

有以下情况的母猪不能去势：

（1）病猪不能去势。

(2) 发情母猪不能去势。

(3) 饱食后的母猪不能去势。

(4) 妊娠的母猪不能去势。

(5) 炎夏的中午不能去势。

(6) 无消毒药物时不能去势。

⚠️ **【注意事项】**

①给小母猪去势，操作时应注意保定确实、术部准确、充分压紧术部、摘除完全等。

②术部要清洁卫生，并用5%碘酊消毒，必要时给仔猪注射精制破伤风抗毒素或提前注射类毒素。

③一刀切开腹膜时，要根据猪的大小、肥瘦、发育状况、饥饱程度和切开腹膜时的空洞感，来确定下刀的深度及角度，切忌损伤腹主动脉。

④给小母猪去势一般不需要缝合，但对那些个体较小、腹膜层薄或手术过程中有扩创的猪必要时缝上一针，连皮肤与腹膜一起缝合，这样可以避免出现手术意外。

⑤术后停食一顿，主要是减轻腹内压，防止肠管、肠系膜等从创口脱出，造成创伤性腹疝和意外死亡。

第五章

肉 猪 生 产

152. 瘦肉型猪有什么特点？

瘦肉型猪是指以产瘦肉为主要特征的猪种，即胴体瘦肉多、肥肉少，瘦肉率在55%以上，如长白猪、大约克夏猪、杜洛克猪、汉普夏猪等都属于瘦肉型猪（图5-1）。

瘦肉型猪的外形特点是中躯长，前后肢间距宽，头颈较轻，腿臀发达，肌肉丰满，一般体长大于胸围15～20厘米。在标准饲养管理下，6月龄体重可达90～110千克及以上，如长白猪。

图5-1 瘦肉型猪的外形特点

153. 什么叫商品瘦肉型猪？

商品瘦肉型猪是指以生产商品瘦肉为目的，体重在90～110千克时宰杀，瘦肉率在50%以上的杂种猪。即用瘦肉型猪作为父本，与地方良种母猪或一代杂种母猪或外来良种母猪杂交生产的后代，如杜长大三元商品瘦肉型猪（图5-2）。

以大约克夏猪作为母本与长白猪杂交所产的母猪，再与杜洛克猪公猪杂交所产的猪为"杜长大"三元猪。这种猪一般不能留种，都作为商品肉猪。

图5-2 杜长大三元商品瘦肉型猪

154. 我国商品瘦肉型猪的生产现状如何？

目前我国商品瘦肉型猪按其瘦肉率高低一般分为以下3个类型。

（1）**纯杂猪** 指瘦肉率在60%以上，由2～3个外来瘦肉型品种杂交生产的后代，如长白猪与大约克夏猪杂交生产的长大纯种杂种猪（图5-3）。

这种猪瘦肉率高，生长速度快，饲料利用率高。但对饲料的要求高，需要饲喂配合饲料，外贸出口基地和大型专业户适宜饲养这种商品瘦肉型猪。

图5-3 长大纯种杂交猪

（2）**二元杂交猪** 指用1个外来瘦肉型品种作父本与1个地方良种母猪杂交所生产的后代，如长白猪公猪与太湖猪母猪杂交所产的长太杂交猪（图5-4）。

这种猪适合于我国广大农村大多数地方，特别是边远山区饲养，可充分利用当地的青、粗饲料和农副产品，提高经济效益。

图5-4 长太杂交猪

（3）**三元杂交猪** 即由2个外来瘦肉型品种与1个地方良种母猪杂交生产的后代，如杜长太杂交猪（图5-5）。

这种猪适合于我国广大城市郊区、粮食充足、饲养条件好、商品饲料有保障的专业大户饲养。

图5-5 杜长太杂交猪

155. 发展商品瘦肉型猪有什么好处？

（1）产仔数多，成活率高（图5-6）

瘦肉型母猪平均每窝所产成活仔猪数比普通品种猪多出1～1.5头，断奶窝重提高30%～40%。

图5-6　正在哺乳的瘦肉型母猪

（2）生长速度快，饲料转化率高（图5-7）

饲养瘦肉型猪，可提高饲料转化率20%～30%。生产1千克脂肪所消耗的饲料，可以生产32千克瘦肉。

图5-7　瘦肉型猪的生长速度快

（3）瘦肉率高（图5-8）

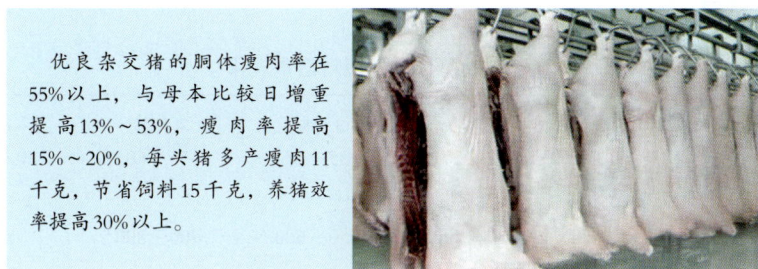

优良杂交猪的胴体瘦肉率在55%以上，与母本比较日增重提高13%～53%，瘦肉率提高15%～20%，每头猪多产瘦肉11千克，节省饲料15千克，养猪效率提高30%以上。

图5-8　瘦肉型猪的瘦肉率高

（4）**经济效益高**　饲养瘦肉型猪的营养全面，适合各类人群食用，瘦肉价格也高。因此，市场销路好，经济效益也高。

156. 肉猪按生长发育阶段分为哪几个时期？

肉猪按生长发育阶段可划为三个时期（图5-9）：

第一阶段：小猪阶段，　　　　第二阶段：架子猪阶段，　　　　第一阶段：育肥阶段，
体重15～35千克　　　　　　　体重35～60千克　　　　　　　体重35～60千克

图5-9　肉猪的生长发育阶段划分

157. 育肥猪需要哪些适宜的环境？

育肥猪舍要求清洁干燥，阳光充足，空气新鲜，温度、湿度适宜（猪增重最适宜和饲料利用率最高的温度是17～18℃，相对湿度为75%～80%），猪安静躺卧，四肢伸展，表现非常舒适。一般猪舍坐北朝南，夏季注意防热、防晒，冬季注意保暖。在炎热的夏季，每天可用冷水冲洗地面用以降温，在南方可用喷雾式淋浴帮助猪体散热；在严寒的冬季，应注意防寒保暖。对密闭式猪舍要加强光照，饲养密度不要过高，每头猪所占的面积以0.6～0.7米^{2}为宜。

158. 育肥猪的生长发育有什么规律？

（1）**体重的绝对增重规律**　正常的饲养条件下，一般体重的增长趋势是慢—快—慢（表5-1）。

表5-1　猪体重的绝对增重规律

阶段 （千克）	初生仔猪 （1.0～1.2）	2月龄 （17～20）	3月龄 （35～38）	4月龄 （55～60）	5～6月龄 （70～110）
日增重 （克）	110～180 （7日龄内）	450～500	550～600	700～800	800

（2）**机体组织生长规律**　骨骼在4月龄前生长强度最大，随后稳定在一定的生长水平；皮肤在6月龄前生长速度最快，其后稳定；脂肪的生长速度与肌肉刚好相反，体重在70千克以前较慢，70千克以后最快。综合起来，就是

通常所说的"小猪长骨，中猪长皮（指肚皮），大猪长肉，肥猪长油（脂肪）"（图5-10）。

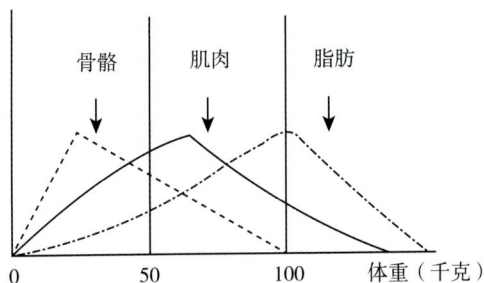

图5-10　猪体骨骼、肌肉、脂肪的生长规律

（3）**猪体化学成分变化规律**　随着年龄的增长，猪体内水分、蛋白质及脂肪含量都在发生变化（表5-2）。

表5-2　猪体化学成分变化（%）

阶段	水分	蛋白质	脂肪
初生阶段	82	15.5	2.5
体重为10千克时	73	17	10
体重为100千克时	49	12	39

159. 瘦肉型猪育肥前要做好哪些准备工作？

（1）**圈舍消毒**　在进猪之前，应将圈舍进行维修，并清扫干净，彻底消毒（图5-11）。

地面用2%～3%的氢氧化钠溶液喷雾消毒，墙壁用20%石灰乳刷消毒。圈养肉猪时，圈内猪粪应彻底清干净，垫上一层新土。

图5-11　圈舍喷雾消毒

（2）**选购优良仔猪** 要选购杂交组合优良、体重大、活力强、健康的仔猪进行育肥。

（3）**预防接种** 自繁仔猪应按兽医规程进行猪瘟、伪狂犬病、口蹄疫、圆环病毒病等的预防（图5-12）。

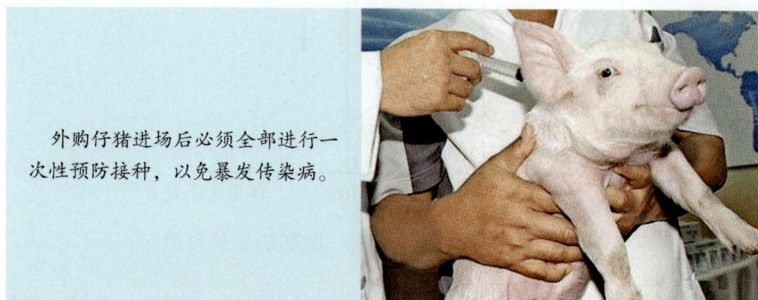

外购仔猪进场后必须全部进行一次性预防接种，以免暴发传染病。

图5-12　接种疫苗

（4）**驱虫** 要做好体内外的驱虫工作（表5-3）。

表5-3　猪体驱虫

体内寄生虫	以蛔虫感染最为普遍，主要危害3～6个月龄的幼猪，常选用阿维菌素、左旋咪唑等药物驱除
体外寄生虫	以猪疥螨最为常见，常用2%敌百虫溶液遍体喷雾，同时更换垫草。一次不愈时间隔1周再喷1次，猪栏和猪能接触到的地方同时喷雾
体内外寄生虫	在猪饲料中拌入伊维菌素一次喂服，可同时驱除体内线虫及体表疥螨、猪虱。既方便，效果又好

160. "吊架子"育肥法有哪些技术要点？

"吊架子"育肥法，又称阶段育肥法，即把生长猪分为小猪、中猪、大猪三个阶段，按照不同的发育特点，采用不同的饲养方法。体重在30千克以前充分饲喂，让猪不限量地吃，保证其骨骼和肌肉能正常发育，饲养2～3个月。体重在30～60千克为吊架子阶段，饲养4～5个月，此期要限量饲喂，应尽量限制精饲料的供给量，可大量供给一些青绿饲料及糠麸类饲料。体重达60千克以上进入育肥阶段，应增加精饲料的供给量，尤其是含碳水化合物较多的精饲料，并限制其运动，以加速体内脂肪沉积，一般喂到80～90千克时（约需2个月）即可屠宰上市。

161. 架子猪怎样育肥？

当架子猪体重达60千克即进入育肥期。育肥前首先要进行驱虫和健胃。驱虫药物可选用兽用敌百虫，按每千克体重60～80毫克拌入饲料中一次服完。驱虫后3～5天，按每千克体重2片大黄苏打片的量，研成粉末分三餐拌入饲料，以增强胃肠蠕动，促进消化。猪健胃后即可开始育肥。育肥前一个月，饲料力求多样化，逐渐减少粗饲料的喂量，同时加喂含碳水化合物多的精饲料，如玉米、糠麸、薯类等，并适当控制运动。到了后一个月调整日粮配合，进一步增加精饲料的用量，降低日粮中精、粗饲料比例，并尽量选用适口性好、易消化的饲料，适当增加饲喂次数，供给充足的饮水。猪吃食后让其充分休息，以利于脂肪沉积，达到育肥的目的。

162. 直线育肥法有哪些技术要点？

直线育肥法，又称一贯育肥法或快速育肥法，主要特点是没有"吊架子"期，即从仔猪断奶到育肥结束，都给予充足的营养，精心管理，没有明显的阶段性。在整个育肥过程中，充分利用精饲料，让猪自由采食，不加以限制。在配料上，以猪在不同生理阶段不同营养需要为基础，能量水平逐渐提高，而蛋白质水平逐渐降低，一般饲喂到体重达90～110千克时上市。

163. 猪快速育肥需要哪些环境条件？

（1）温度　体重在60千克以前时为16～22℃，体重在60～90千克时为14～20℃，体重在100千克以上时为12～16℃。

（2）湿度　猪舍适宜的相对湿度为60%～70%。

（3）光照　在一般情况下，光照对猪育肥的影响不大。育肥猪舍的光线只要不影响猪采食和便于饲养管理操作即可。尤其要注意，不宜给育肥猪强烈的光照。

（4）有害气体　猪舍内要经常注意通风，及时处理猪粪尿和污物。

（5）圈养密度　在一般情况下，圈养密度以每头生长育肥猪占0.8～1.0米^{2}为宜，猪群规模以每群6～10头为佳。

164. 怎样安排瘦肉型猪快速育肥的工作程序？

瘦肉型猪快速育肥的基本工作程序：转群或分栏小猪→饲养观察3～5天→驱虫洗胃→健胃促消化→增加营养→进行第二次驱虫、洗胃、健胃工作→出栏。

（1）**饲养观察** 对分完群或分栏后即将育肥的小猪，先用常规饲养方法饲养3～5天，其间观察它们的变化（图5-13）。

如果发现病情，应及时给予治疗；如果没有发现病情或疾病得到治愈后，就可进行下一步工作。

图5-13 观察猪群

（2）**驱虫洗胃** 观察后的第1天，若猪群正常，即可进行驱虫洗胃（图5-14）。

观察后的第1天，若猪处于正常状况，可用兽用敌百虫片，按每10千克体重2片的剂量研细，拌入适量饲料中让猪一次吃完。一般于驱虫后的第3天，用碳酸氢钠15克，于早餐拌入饲料内给猪喂服，以清理胃肠。

图5-14 给猪群驱虫洗胃

（3）**健胃促消化** 驱虫后的第5天，可对猪群进行健胃促消化（图5-15）。

驱虫后的第5天，用大黄苏打片以每10千克体重喂2片的剂量研碎，分三顿拌入饲料内喂服，以增强胃肠的蠕动、促进消化，并可消除驱虫药和洗胃药可能引起的副作用。

图5-15 猪群健胃促消化

（4）**增加营养** 经过驱虫、洗胃、健胃后，猪胃肠内的寄生虫被驱出，肠壁也变薄，并易于吸收营养物质。此时应饲喂配合饲料，增加营养。

第一次驱虫、洗胃、健胃2个月后，再按上述方法进行一次。按照这种方法，体重15千克左右的断奶仔猪，经过先后两次驱虫、洗胃、健胃，饲养4个月后体重一般可达90千克以上。

165. 猪快速育肥的管理要点有哪些？

（1）**定时定量** 喂猪要规定一定的次数、时间和数量，使猪养成良好的生活习惯，以保证吃得多、睡得好、长得快（图5-16）。

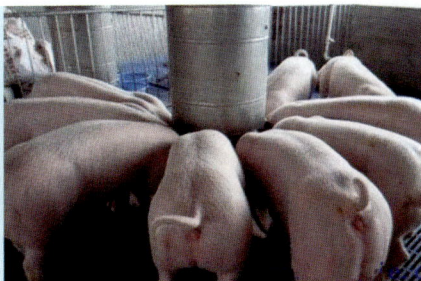

一般在饲喂前期每天宜喂5～6顿，后期喂3～4顿。每次喂食时间的间隔应大致相同，每天的最后一顿要安排在晚上9:00左右。每顿喂量要基本保持均衡，可喂八九成饱，以使猪保持良好的食欲。

图5-16 猪群定时定量饲喂

（2）**先精后青** 若是自拌料喂食，应先喂精饲料，后喂青饲料，并做到少喂勤添。一般每顿采食的饲料分三次投喂，让猪在半小时内吃完，饲槽内不要有剩料。青饲料在投喂前要洗干净，不用切碎而是让猪咀嚼，把更多的唾液带入胃内，以利于饲料消化。

（3）**喂湿拌生料** 除马铃薯、木薯、大豆、棉籽饼等中含有害物质需要熟喂或经过处理外，其他大部分植物性饲料均宜生喂。用浓缩料、预混料自拌饲料喂猪的，最好在饲喂前制成湿拌料。

（4）**及时供水** 猪舍内最好安装自动饮水器，让猪随时都能饮足水（图5-17）。

如采用湿拌料喂猪，在吃完食之后，要给猪喝足水。冬、春季要供给温水。

图5-17 用自动饮水器饮水

（5）**注意防病** 在进猪之前，圈舍应进行彻底清扫和消毒，对准备育肥的仔猪应做好各种疫苗的接种工作，在育肥期间要注意环境卫生。

（6）**适时出栏**　猪生长达到一定年龄后，随着体重的增长，料重比逐渐增大，瘦肉率逐渐降低，养殖成本增高，因此，要适时出栏（图5-18）。

通常认为现代杂交肉猪在4~5月龄、体重达90~110千克时出栏最适宜。但从生产和经营的实践角度看，确定何时出栏，体重只是一个方面，另一方面是考虑市场行情的变化和直接与育肥效益有关的其他因素。

图5-18　育肥猪出栏

166. 适合瘦肉型猪的典型饲料配方有哪些？

（1）**体重为20~40千克时的饲料配方**

配方一：大麦21%、玉米50%、麦麸5%、鱼粉7%、豆饼10%、槐叶粉5%、骨粉1.5%、食盐0.5%，每1 000千克饲料加入硫酸亚铁100克、硫酸锌100克。

配方二：大麦21%、玉米55%、麦麸5%、鱼粉7%、豆饼5%、槐叶粉5%、骨粉1.5%、食盐0.5%，每1 000千克饲料加入硫酸亚铁100克。

配方三：大麦21%、玉米50%、麦麸5%、鱼粉7%、豆饼10%、槐叶粉5%、骨粉1.5%、食盐0.5%，每1 000千克饲料加入硫酸亚铁100克。

以上各方，每天每头猪给料1.3~1.5千克，并以1:（1~1.3）的料水比例用水拌湿。

（2）**体重为40~60千克时的饲料配方**

配方一：大麦21.5%、玉米55%、麦麸5%、鱼粉5%、豆饼7%、槐叶粉5%、骨粉1%、食盐0.5%，每1 000千克饲料加入硫酸亚铁100克、硫酸锌100克。

配方二：大麦23.0%、玉米57.5%、麦麸5.0%、鱼粉6.0%、豆饼2.0%、槐叶粉5.0%、骨粉1.0%、食盐0.5%，每1 000千克饲料加入硫酸亚铁100克。

配方三：玉米62%、麦麸11%、葵花饼11%、豆饼13%、骨粉2.5%，食盐0.5%。

以上各方，每天每头猪给料2~2.2千克，以1:（1~1.3）的料水比为宜。

（3）**体重为60~90千克时的饲料配方**

配方一：大麦40%、玉米44%、麦麸5%、鱼粉2%、豆饼3%、槐叶粉

5%、骨粉0.5%、食盐0.5%，每1 000千克饲料加入硫酸亚铁100克、硫酸锌100克。

配方二：大麦31%、玉米55%、麦麸5%、豆饼3%、槐叶粉5%、骨粉0.5%、食盐0.5%，每100千克饲料加入硫酸亚铁100克。

配方三：玉米63.5%、麦麸11.75%、葵花饼11.25%、豆饼10.5%、骨粉2.5%、食盐0.5%。

以上各方，每天每头猪给料2.8~3.2千克，以1∶(1~1.3)的料水比为宜。

167. 使用浓缩饲料喂猪有什么好处？

(1) 浓缩饲料中的蛋白质含量高达30%~45%，且含有丰富的微量元素、维生素、氨基酸等营养成分。

(2) 用浓缩饲料与适量能量饲料混合而成的配合饲料喂猪效果好，既能充分利用农家自产的能量饲料，如玉米、米糠等，又能大大降低养猪成本。

(3) 在常规的能量饲料中只需要加入适量的浓缩饲料即可，不需要再煮，使用量少，使用方便。值得注意的是，混合好的干粉料不能直接喂猪。

168. 怎样用预混料喂猪？

(1) 饲料配制 1%预混料1千克、玉米30千克、麦麸10千克、棉籽饼（去毒）3.5千克、黄豆2千克、豆粕3.5千克。先将黄豆炒熟，再与玉米、棉籽饼、豆粕一起粉碎，加入麦麸后拌匀，即成50千克的配合饲料。

(2) 注意饲喂方法 将上述配合饲料干粉按1∶(1~1.5)的比例用水浸泡、拌湿后饲喂（水分不能太多，以将粉料泡软为宜）。每天每头猪添加青绿饲料1千克，日喂3次，另供给充足的清洁饮水（图5-19）。

(3) 注意事项

①预混料不能直接用于喂猪，需要与其他饲料（蛋白质饲料、能量饲料等）一起饲喂。

图5-19 混合饲料湿拌料喂猪

②用预混料喂猪，不必再添加其他药物和饲料添加剂。

③严禁将预混料加入40℃以上的热水中或放入锅内煮沸后喂猪，否则会失去饲用价值。

169. 中草药为什么对猪能起到育肥作用？

中草药具有健脾开胃、补气补血、清热解毒、抗菌驱虫、抗病强身等功效，将其合理配制，根据生长猪不同生长阶段的生理特点适当添喂，既可防病治病，又能促进增重。

170. 常用的中草药饲料添加剂有哪些？

（1）松针粉　日粮中加入2.5%～5%的松针粉，猪日增重可提高30%左右。

（2）艾叶　日粮中加入2%～3%的艾叶粉，猪日增重可提高5%～8%，节省饲料10%左右。

（3）槐叶粉　日粮中加入3%～7%的槐叶粉，猪日增重可以提高10%～15%，节省饲料10%以上。

（4）葵花盘粉　日粮中加入3%的葵花盘粉，猪日增重可以提高13%以上。

（5）薄荷叶粉　日粮中加入4%的薄叶粉，猪日增重可提高16%左右。

（6）鸡冠花　日粮中加入5%的鸡冠花或10%的茎叶粉，猪日增重可提高10%。

（7）野山楂　日粮中加入100千克切碎、去籽的野山楂，猪日增重可提高10%。

（8）党参叶　日粮中加入一定比例的党参叶，仔猪日增重可提高16%。

（9）麦芽粉　在哺乳仔猪、断奶仔猪和僵猪的日粮中加入4%的麦芽粉，猪的体重分别提高2.3%、15.13%和56.4%。

（10）葡萄渣　在日粮中加入10%～15%的葡萄渣，后备母猪日增重可提高5%～7%，节省饲料35千克左右。

（11）沸石　在日粮中加入5%的沸石，肉猪日增重可以提高30%以上，育肥期缩短20天。

（12）稀土　在日粮中加入0.06%的稀土，猪日增重可以提高30%以上，节省饲料10%以上。

（13）白芍　每头猪每天喂白芍10千克，日增重可提高3%～5%；日粮中加入2%，日增重可提高2%左右。

171. 如何使用生饲料养猪？

（1）生饲料喂猪的方法　将采集的青饲料（要求新鲜、无毒、无害、无霉烂）洗净，晾干切碎，按各类猪营养需要搭配精饲料，并充分拌混均匀，干湿度以手捏成团且松手散开为宜。青、精饲料搭配比例，按重量计算，新生仔猪为0.5∶1、断奶仔猪为1∶（0.8～0.6）、架子猪（35～60千克）为1∶（0.5～0.4）、育肥猪（60～100千克）为1∶（1～0.7）。饲料要现拌现喂，少给勤添，以让猪吃饱为度。待猪吃饱后将食槽清洗干净，供给其清洁饮水。

（2）生饲料喂猪的注意事项

①猪开始吃生饲料不习惯，饲喂时应按生饲料由少到多、熟饲料由多到少，逐步向生饲料过渡的方法进行。经7～10天后，猪就可养成吃生饲料的习惯。

②哺乳仔猪在7～10日龄即可开始补喂生饲料。

③干饲料必须粉碎、浸泡、软化后再与青、精饲料搭配生喂，黄豆类或豆科茎叶及块状饲料以熟喂为好。

④也可先喂精饲料，后喂青绿饲料；或将青饲料打浆拌精饲料喂；或青贮后再拌料饲喂。注意要保证青饲料供应。

⑤在冬季用生饲料喂猪时，最好用30℃左右的温水拌料，料水比例为4∶1。用甘薯、胡萝卜等饲料喂猪，需先经煮熟打浆后拌入米糠、薯叶等生干料中再喂，这样可以提高饲料的利用率。

172. 如何利用甘薯养猪？

甘薯中的干物质含量为25%～30%（主体含量是淀粉），还含有多种维生素和矿物质。但蛋白质含量较少，每千克干品中精蛋白质含量仅为2.6%。因此，给猪饲喂时必须合理搭配。

（1）搭配日粮　一般体重为35千克以下的小猪，每头每天喂甘薯（鲜品，下同）和青饲料各1.5～2.5千克、配合饲料0.8千克；35～60千克的中猪，每头每天喂甘薯（图5-20）和青饲料各3.5～4.5千克、配合饲料0.9～1.0千克；60千克以上的大猪，每头每天喂甘薯和青饲料各5.0～7.5千克、配合饲料10～1.25千克。也可按猪的体重计算喂量，即每5千克体重日喂配合饲料0.1千克、甘薯和青饲料各0.35～0.4千克。

甘薯味甜多汁，粗纤维少，猪喜爱吃，并能提高肉质，生产洁白而硬实的脂肪。如饲喂方法和用量不当，后期猪容易出现减食、拒食等现象，生长缓慢甚至发生残废。

图5-20　甘薯

（2）饲喂方法　一是先将青饲料与配合饲料混合，拌匀生喂，然后喂煮熟的甘薯；二是先让猪自由采食青饲料，待吃干净后再让其吃煮熟的甘薯与配合饲料的混合料。要求先吃料，后饮水，让猪吃饱。

（3）注意事项

①不用生甘薯、烂甘薯喂猪，以免引起消化不良或中毒。

②仔猪、母猪和种公猪宜少喂甘薯，长期饲喂时一定要合理搭配蛋白质饲料和青饲料。

173. 无公害猪肉生产与有机猪肉生产有何不同？

无公害猪肉生产是指通过技术和管理等措施控制生产的猪肉。主要是对生猪生产中的饲养环境、饲养管理、防疫、无害化处理等生产全过程进行监控，防止有害物质残留超标，使猪肉品质达到安全、优质、营养和生产场地环境保持良好。进行有机猪肉生产时，饲料中不添加任何抗生素、生长激素及人工合成添加剂，同时要按照猪的自然生活习性进行养殖。有机猪肉生产比无公害猪肉、绿色猪肉生产的要求更严格。

174. 不同季节养猪应注意什么事项？

（1）春季防病　春季气候温暖，青饲料鲜嫩可口，是养猪的好季节，但猪容易感染疾病（图5-21）。

春季空气湿度大，温暖潮湿的环境给病菌创造了大量繁殖的条件、加上早春气温忽高忽低，而猪刚刚越过冬季，体质欠佳，抵抗力较弱，容易感染疾病，因此必须做好疫病防控工作。

图5-21　春季要注意防病

（2）夏季防暑　夏季天气炎热，而猪汗腺不发达，体内热量散发困难，故应做好防暑工作（图5-22）。

到了盛夏，猪表现出焦躁不安，采食量减少，生长缓慢，容易患病。因此，夏季要着重做好防暑降温工作。同时还应保证足够的凉水供猪饮用，并注意猪舍内驱蝇灭蚊工作，使猪能安静睡觉。

图5-22　夏季要注意防暑降温

（3）**秋季育肥**　秋季气候适宜，饲料充足且品质好，是猪生长发育的好季节（图5-23）。

应充分利用秋季的大好时机，做好饲料的贮存和猪育肥工作。

图5-23　秋季要做好育肥工作

（4）**冬季防寒**　冬季寒冷，猪体消耗的能量增多。因此，在寒冬到来之前，要认真修缮猪舍，防止冷风侵入（图5-24）。

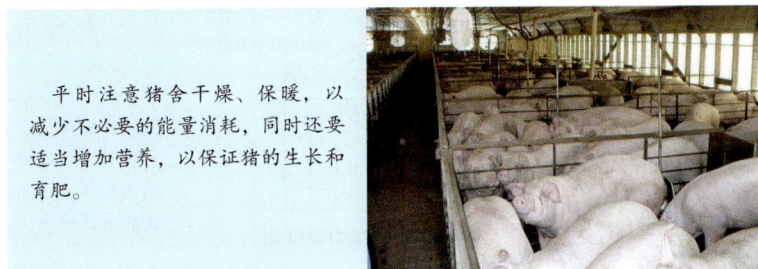

平时注意猪舍干燥、保暖，以减少不必要的能量消耗，同时还要适当增加营养，以保证猪的生长和育肥。

图5-24　冬季要注意防寒

175. 肉猪屠宰上市体重以多少为宜？

商品瘦肉型猪以活重90～110千克屠宰为宜，其中大型猪（如杜长大三元育肥猪）为100～110千克，中小型猪场（如饲养本地母猪与外来瘦肉型猪种杂交的育肥猪）以90～100千克时屠宰为宜；我国的一些小型早熟品种以活重75千克、晚熟品种以85～95千克屠宰为宜。

第六章

猪场规划与建设

176. 怎样选择猪场场址?

（1）**地势和位置**　场址最好选择在地势高燥和背风向阳的地方，地面一般以沙土为宜，不宜在低洼潮湿的地方建场（图6-1）。

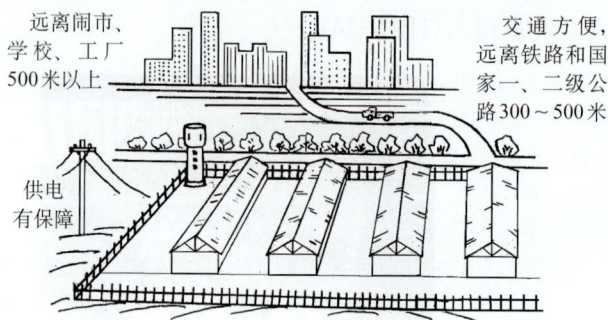

远离闹市、学校、工厂500米以上

交通方便，远离铁路和国家一、二级公路300～500米

供电有保障

场址还要远离医院、畜产品加工厂、垃圾及污水处理场1 000米以上，禁止在旅游区、自然保护区、畜禽疫病区和环境污染严重的地区建场。

图6-1　猪场场址的选择

（2）**水资源和水质**　猪场水质应符合生活饮用水的卫生标准，并确保未来若干年不受污染，最好用地下水或自来水。

（3）**交通运输**　猪场应建在交通比较方便而又比较僻静的地方，但必须避开交通主要干道。

（4）**能源供应**　猪场应建在靠近电源的地方，以保障供电。为预防停电，最好是配备发电机（图6-2）。

图6-2　猪场的电源供应有保障

图6-3　猪场的排污与环保

（5）**排污与环保** 猪场周围应有农田、果园、菜园等，并便于排污自流，以就地消耗大部分或全部粪水（图6-3）。

177. 猪场总体布局有什么基本要求？

猪场在总体布局上至少划分为生活区、管理区、生产区、病猪隔离区等几个功能区（图6-4）。

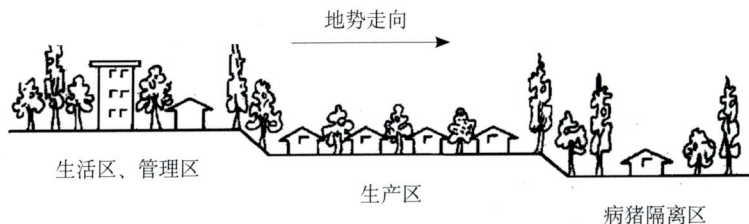

图6-4 猪场总体规划布局示意图

（1）**生活区** 包括职工宿舍、食堂、文化娱乐室、运动场等，应位于生产区的上风处。

（2）**管理区** 包括办公室、后勤保障用房、车库、接待室、会议室等，应与生产区分开，宜建在生产区进出口的外面、上风处。

（3）**生产区** 该区是整个猪场的核心区，包括各种类别的猪舍、消毒室（更衣室、洗澡间、紫外线消毒通道）、消毒池、化验室、饲料加工调制车间、饲料贮存仓库、人工授精室、粪尿处理系统等。该区应放在猪场的适中位置，处于病猪隔离的上风或偏风方向，地势稍高于病猪隔离区，而低于管理区（图6-5、图6-6）。饲料调制室和仓库应设在与各栋猪舍差不多远的适中位置，且便于取水。

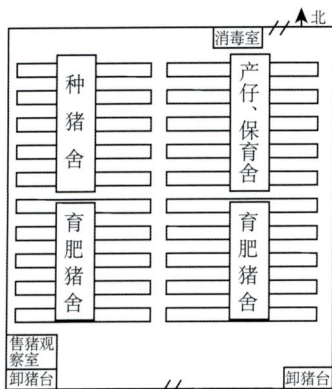

生产区内种猪舍应放在离隔离区出口较远的位置，并与其他猪舍分开。公猪舍应位于母猪舍上风方向、较偏僻的地方，两者应相距50米以上，交配场应设在母猪舍附近，但不宜靠公猪舍太近。育肥猪舍及断奶仔猪舍在进出口附近。这样既便于生产，又减少了种猪感染疾病的机会。

图6-5 猪场生产区布局示意图

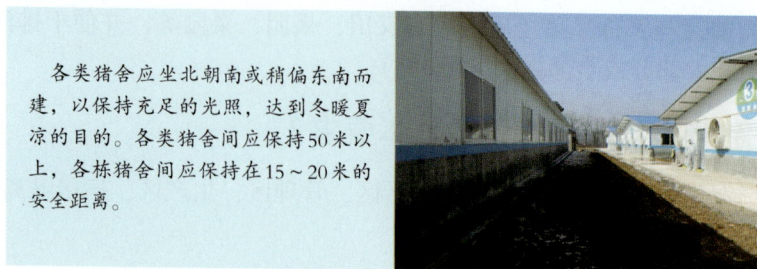

各类猪舍应坐北朝南或稍偏东南而建，以保持充足的光照，达到冬暖夏凉的目的。各类猪舍间应保持50米以上，各栋猪舍间应保持在15～20米的安全距离。

图6-6 各类猪舍应坐北朝南或稍偏东南而建

猪场生产区四周应设围墙，为满足防疫和隔离噪声的需要。在猪场四周设置隔离林，猪舍之间的道路两旁应植树种草，绿化环境（图6-7）。

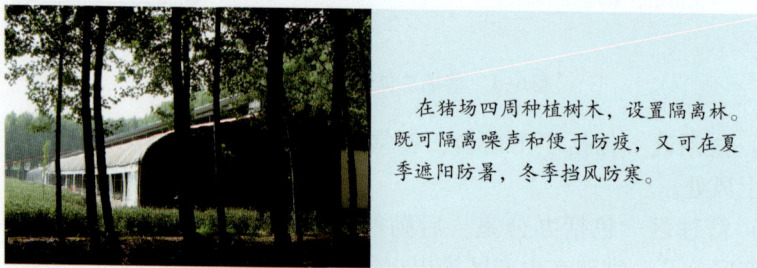

在猪场四周种植树木，设置隔离林。既可隔离噪声和便于防疫，又可在夏季遮阳防暑，冬季挡风防寒。

图6-7 猪场四周设置隔离林

猪场的道路应设净道和污道，人员、猪和物资转运应采取单一流向。进料道和出料道严格分开。生产区净道和污道分开，互不交叉，防止交叉污染和疫病传播。大门出入口应设值班室、人员更衣消毒室、车辆消毒通道和装卸猪料台（图6-8）。

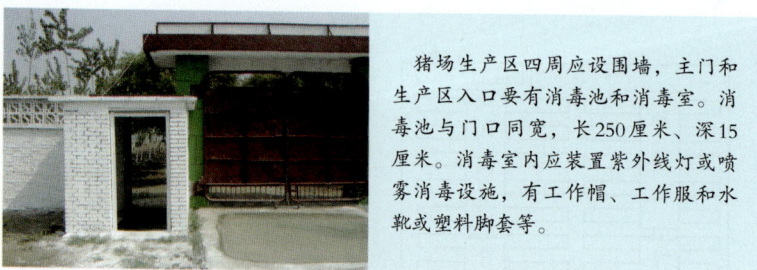

猪场生产区四周应设围墙，主门和生产区入口要有消毒池和消毒室。消毒池与门口同宽，长250厘米、深15厘米。消毒室内应装置紫外线灯或喷雾消毒设施，有工作帽、工作服和水靴或塑料脚套等。

图6-8 猪场出入口设置消毒室、消毒池等

（4）**病猪隔离区** 包括隔离舍、兽医室、病死猪无害化处理室和贮粪场等，一般应设在猪场的下风或偏风向位置。隔离舍和兽医室应距离生产区150米以上，贮粪场应距离生产区50米以上。

图6-9为一个饲养600头基础母猪的现代化猪场的场地规划和平面总体布局示意图。

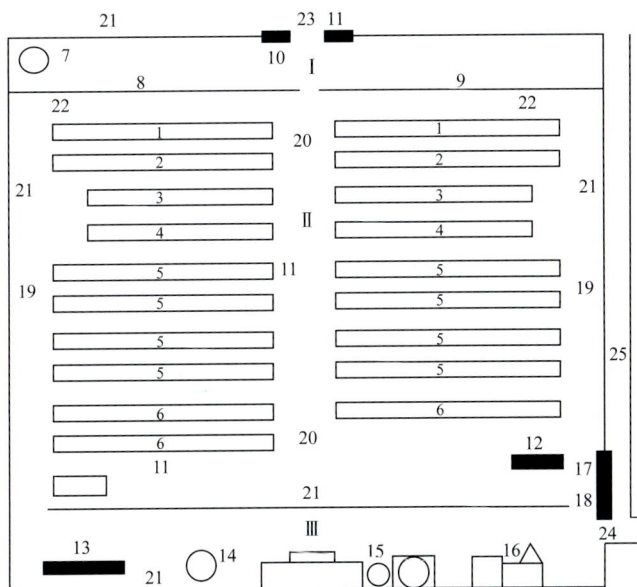

图6-9 600头基础母猪养猪场场地规划和平面总体布局示意图

Ⅰ.产前区 Ⅱ.生产区 Ⅲ.隔离区

1.配种室 2.妊娠室 3.产房 4.保育舍 5.生长猪舍 6.育肥猪舍 7.水泵房 8.生活、办公用房 9.生产附属用房 10.门卫 11.消毒室 12.卫生间 13.隔离舍及解剖室 14.死猪处理设施 15.污水处理设施 16.粪污处理设施 17.选猪舍 18.装猪台 19.污道 20.净道 21.围墙 22.绿化隔离带 23.场大门 24.粪污出口 25.场外污道

178. 猪舍的建筑形式有哪几种？

（1）**开放式猪舍** 建筑简单，节省材料，通风采光好，舍内有害气体易排出。但由于猪舍不封闭，猪舍内的气温随着自然界的变化而变化，故不能人为控制，尤其是北方冬季寒冷，会影响猪的繁殖与生长。另外，该类型猪舍的占地面积较大（图6-10）。

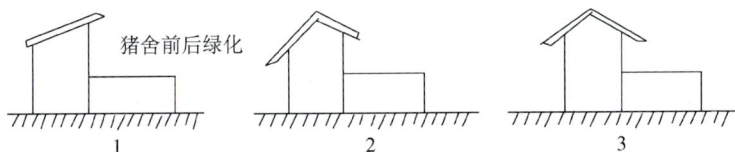

图6-10 开放式猪舍示意图

1.单坡式 2.不等坡式 3.等坡式

（2）**大棚式猪舍** 即用塑料薄膜做成大棚式的猪舍。这是一种投资少、效果好的猪舍，北方冬季养猪多采用这种形式。可分为单层塑料棚舍和双层塑料棚舍。根据猪舍排列，此类型猪舍可分为单列塑料棚舍（图6-11）和双列塑料棚舍（图6-12）。另外，还有半地下式塑料棚舍（图6-13）、种养结合塑料棚舍等。

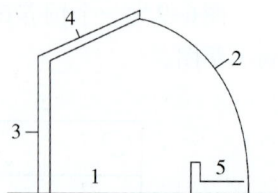

图6-11 单列塑料棚猪舍
1.猪栏 2.塑料棚 3.后墙
4.棚盖 5.过道

（3）**封闭式猪舍** 通常有单列封闭式猪舍、双列封闭式猪舍和多列封闭式猪舍3种。

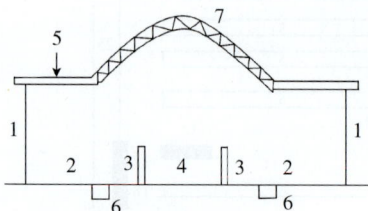

图6-12 双列塑料棚猪舍
1.侧墙 2.猪栏 3.食槽 4.走道
5.棚底 6.粪尿沟 7.钢筋拱形塑料棚

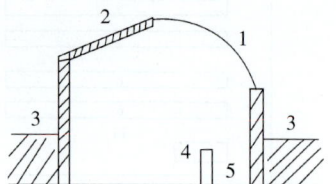

图6-13 半地下式塑料棚舍
1.塑料棚 2.猪舍后盖 3.地面
4.猪栏 5.过道

①单列封闭式猪舍。猪栏排成一列，靠北墙可设或不设走道，构造较简单，采光、通风、防潮好，适用于冬季不是很冷的地区（图6-14）。

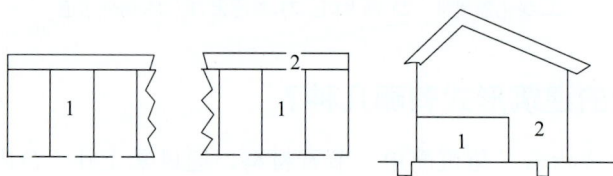

图6-14 单列封闭式猪舍
1.猪栏 2.过道

②双列封闭式猪舍。猪栏排成两列，中间设走道，管理方便，利用率高，保温较好；但采光、防潮不如单列式猪舍，适用于冬季寒冷的北方（图6-15）。

③多列封闭式猪舍。猪栏排列成三列或四列，中间设2～3条走道。该类猪舍保温好，利用率高；但构造复杂，造价高，通风降温较困难，适应于条件较好的猪场（图6-16）。

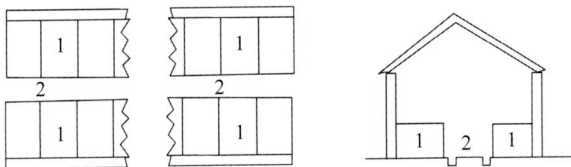

图6-15　双列封闭式猪舍

1.猪栏　　2.过道

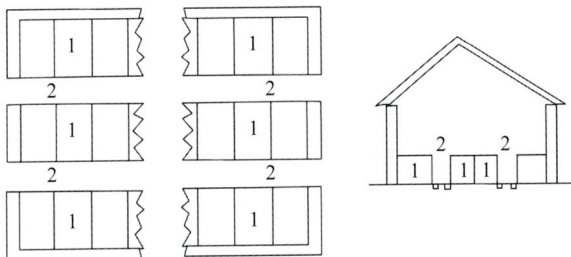

图6-16　多列封闭式猪舍

1.猪栏　2.过道

179. 建造猪舍有哪些基本要求？

猪舍建造是养好猪的重要条件，一栋理想的猪舍应具备图6-17中的要求。

一是冬暖夏凉；
二是通风透光，保持干燥卫生；
三是便于日常操作管理；
四是要有严格的消毒措施和设施。

图6-17　理想的猪舍应具备的基本要求

180. 如何设计母猪舍？

母猪舍一般采用单列式，其屋顶可采用等坡式、不等坡式或单坡式。猪舍面向南略偏东，南边半敞开；猪舍前面设运动场，右边靠隔墙设一条通道，便于母猪、仔猪自由进入运动场。运动场前墙下设一个饮水槽。此墙上留一扇窗户，夏季开窗通风，冬季封闭保温。北墙到猪栏后腰墙设一个工作走廊，宽120厘米。猪舍内部腰墙高70厘米，腰墙下设母猪食槽和仔猪补料间（长150厘米、宽70厘米，用铁栏或砖墙与猪床隔开，并留有通道让仔猪自由出入，不让母猪入内），每间猪栏跨度为420厘米（包括工作走廊120厘米、母猪栏300厘米）、宽250厘米。用水泥砂浆铺地面，地面向运动场方向有一定的倾斜度，以保持栏内干燥。一幢母猪舍设多少间猪栏，应根据需要而定（图6-18）。

> **【提示】** 对于受建筑面积条件限制的规模猪场，可以采取限位栏饲养母猪。

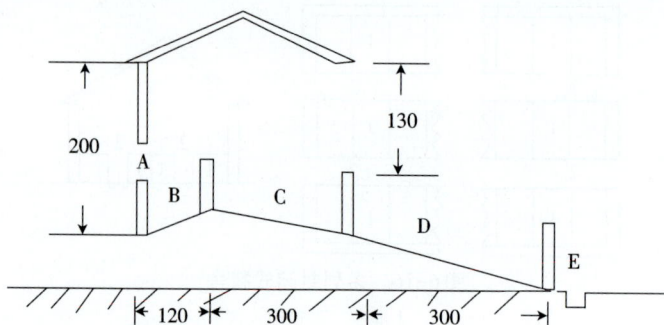

图6-18 单列式母猪舍剖面图（厘米）
A.后窗户 B.走廊 C.猪床 D.运动场 E.粪尿沟

181. 如何设计育肥猪舍？

育肥猪舍一般不设运动场，单列式或双列式猪栏均可。栏内设一个食槽，饮水可放入食槽中，最好是安装乳头式或鸭嘴式自动饮水器。饲养密度：体重60千克以上的，每头猪占有面积夏季1米²、冬季0.8米²，每栏可养10～20头；小猪每头占有面积0.5米²。

简易育肥猪舍，屋顶为不等坡式，地面铺水泥，后墙高120厘米，前面大半敞开，腰墙高30厘米，冬季用草帘或专用塑料帘遮住保温；前面可砌砖柱屋顶，以放木梁。每间猪栏面积250～400米²，猪栏之间的腰墙高70厘米（图6-19）。

单列式拱形塑料大棚式育肥猪舍，前面大半敞开，冬季用专用塑料帘遮住保温，夏季有遮阳布遮挡阳光，以起到冬暖夏凉的作用。

图6-19 单列式拱形塑料大棚式育肥猪舍

182. 家庭养猪规模以多大为宜？

若是初次养殖，可按一个劳动力年出栏育肥猪30~50头（饲养二元母猪2头、购买精液人工授精）为宜。若有一定的经验，条件还满足时，以年出栏100头育肥猪为宜（图6-20）。

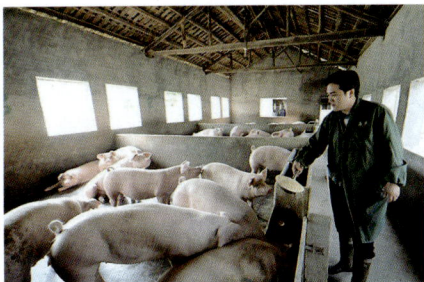

图6-20 家庭初次养猪规模不宜过大

183. 家庭规模养猪的生产模式有哪些？

(1) **集约化饲养** 即完全圈养制，也称定位饲养。最早的形式是用皮带或锁链把母猪固定在指定地点，现在采用母猪产床，也叫母猪产仔栏，一般设有仔猪保温设备（图6-21）。

集约化饲养的主要特点是，猪场占地面积少，栏位利用率高，采用的技术和设施先进，可节约人力，提高劳动生产率，增加猪场经济效益。这种模式是典型的工厂化养猪生产，在世界养猪生产中被普遍采用。

图6-21 集约化饲养模式

(2) **半集约化饲养** 即不完全圈养制，既可以母仔同栏，也可有栏位限制母猪；设有仔猪保温设备，或冬季用垫草取暖（图6-22）。

半集约化饲养的特点是圈舍占用面积大，设备一次性投资比完全圈养制低，母猪有一定的活动空间，有利于繁殖。在我国，有很多养猪企业采用这种模式。

图6-22 半集约化饲养模式

（3）**散放饲养** 特点是建场投资少，母猪活动量增加，有利于繁殖机能的提高，减少繁殖障碍；仔猪随着母猪运动，提高了抵抗力（图6-23）。

散放饲养投资少，节水、节能，对环境的污染少。但这种养猪模式受气候的影响较大，占地面积大，应用有一定的局限性。

图6-23 散放饲养模式

184. 工厂化养猪有什么特点？

从总体上说工厂化养猪的特点有：①养猪规模大；②选用体形外貌一致、生长发育均衡的杂交组合或配套系等；③能因地制宜地选用一些机械化、自动化设备，如自动饮水器、自动食槽、漏缝地板、自动清粪装置等；④工作人员少；⑤占用土地面积少，劳动生产效率高；⑥采用科学的经营管理方法组织生产，使生产条件、工艺流程等按照标准和有规律地运转，使生产保质保量、平稳地进行。⑦其他（图6-24）。

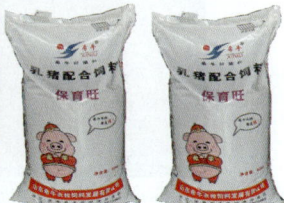

工厂化养猪还包括采用母猪限位饲养、断奶仔猪网上饲养的方法，使用配合饲料，实行严格的现代化防疫措施及全进全出的流水式生产工艺等。

图6-24 工厂化养猪的方式

185. 网上养猪有什么好处？

网上养猪，是20世纪80年代末期，我国北方等地区首先开始采用的一种能显著减少仔猪白痢、大幅度提高仔猪成活率和促进生长的仔猪培育技术，仔猪成活率能提高20%以上，断奶仔猪个体重能提高40%。目前，该项技术工艺更趋完善（图6-25）。

现在网上养猪工艺分两个阶段，即哺乳仔猪阶段和断奶仔猪阶段，设备也相应分为哺乳仔猪网床和育成猪网床两种。网床可连续使用10年以上，一般2年左右即可收回投资成本。

图6-25　网上养猪模式

186. 发展生态养猪有什么意义？

生态养猪不仅能降低生产成本，而且能生产出有利于人体健康的绿色食品。生态养猪的核心内容就是以处理猪场环境公害问题为基础构建，以猪为主要动物种群为生产系统，将猪场粪尿污染污物作为其他生物群落或农业生产的宝贵资源，实现养猪无污染，从而有效地保护农业生态环境（图6-26）。例如，自然养猪法和养猪、沼气、种植三结合的生态养猪法就深受欢迎。

【提示】环保生态养猪越来越受到人们的青睐，因此要因地制宜、充分发挥资源优势，大力发展环保生态养猪。

在没有污染的环境中养猪，尽可能多地利用天然物质、自然饲料资源，少用人工合成的化学物质添加剂、药物及其他抗生素等，也不会造成新的环境污染，就能生产出符合要求的绿色猪肉产品。

图6-26　生态养猪模式

187. 怎样用塑料棚舍养猪？

由于冬季舍内温度低，猪体生长慢，耗用饲料多，影响出栏率和经济效益。因此，在冬季可用塑料薄膜覆盖猪舍的开敞面，以提高猪舍内温度。不同类型品种猪要求的理想温度不同，商品瘦肉型猪的适宜温度为14～23℃，以16～18℃为最佳（图6-27）。

可以根据屋檐和圈墙情况，直接或在本框架上覆盖塑料薄膜，单层或双层均可。

图6-27　塑料棚舍养猪

188. 用塑料棚舍养猪需注意哪些问题？

（1）棚舍内要设置排气孔（图6-28），或适时揭盖通风换气，以降低舍内湿度，排出污浊的气体。一般舍内相对湿度以60%～70%为宜。

（2）冬季为了保持棚舍内温度，在夜晚于塑料棚的上面再盖上一层防寒的草帘；夏季可除去塑料膜，但必须设有遮阳物。

（3）塑料棚的造型要合理，采光面积要大，保证冬季阳光能直射入舍内，达到北墙底部。

（4）塑料棚舍应建在背风、高燥、向阳处，一般为坐北朝南，并偏西5～10°。这样在11—12月，每天棚舍接受阳光照射的时间最长、获取的太阳能最多，对棚舍增温效果也就最好。

图6-28　塑料棚舍上方设置排气孔

189. 什么是种养结合塑料棚舍养猪技术？

种养结合塑料棚舍养猪是近年推出的一项养猪新技术，这种猪舍既养猪又搞种植（如种菜）（图6-29）。

在条件许可的情况下，可在猪床位置下面修建沼气池，利用猪粪尿产生沼气，供照明、煮饲料、取暖等用，沼气渣、沼气液还可用作肥料。该技术适用于广大农村养猪户（图6-30）。

种养结合塑料棚舍同单列式猪舍，一般在一列棚舍内一半养猪，另一半种菜，中间设隔离墙（栏）。隔离墙上留有小洞口，不封闭。这样可使猪舍内的污浊空气流动到种菜舍，种菜舍内的新鲜空气可以流动到猪舍。

图6-29　种养结合塑料棚舍养猪

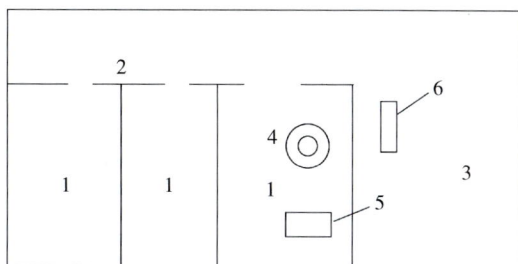

图6-30　种养结合塑料棚舍平面图
1.猪栏　2.走道　3.菜地　4.沼气出口　5.沼气入口　6.沼气池出料

190. 什么是家庭楼房环保养猪新模式？

家庭盖楼房环保养猪即在自家可用于养殖的土地上，盖一座4层楼，每层楼高2米，长度根据地的长度和饲养规模而定，地下层建造一个沼气池。这样的猪舍既省钱，又环保，很适合家庭养猪户使用（图6-31）。

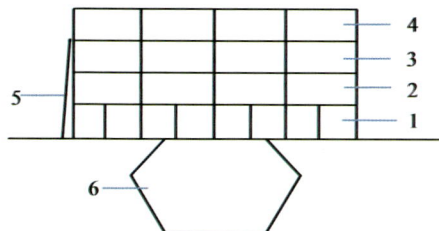

一楼饲养母猪，二楼饲养断奶仔猪，三楼饲养育肥猪，单列或双列猪栏均可。并留有走道，楼的一侧设置一个滑梯道供出猪用。

图6-31　家庭楼房环保养猪平面图
1.一楼　2.二楼　3.三楼　4.四楼　5.滑梯道　6.沼气池

191. 商品猪场应抓哪几项工作？

（1）生产水平　如有50头母猪的商品猪场，1年产仔猪600头，每批300头，即每头母猪年产2窝，每窝成活仔猪10头。

（2）仔猪成活率　加强饲养管理，断奶前仔猪的成活率在90%以上，即每批死亡数小于30头，成活数大于270头。

（3）蛋白质水平及饲喂量　根据猪各阶段的营养需要来确定蛋白质水平及喂料量，这样既能保证增重，又可节省饲料。

（4）料源　根据饲养头数及饲养需求，备好足够的饲料。

（5）防疫及治疗　于每年的春、秋两季，按照猪场免疫程序给猪注射疫苗（如猪瘟、猪口蹄疫、猪圆环病毒病、猪伪狂犬病、猪气喘病等）。每批猪出栏后猪舍要彻底消毒。平时要加强饲养管理，勤观察，对疾病做到早发现早治疗，以减少损失。

（6）掌握信息　准确、及时掌握市场信息，并按信息规律办事，适时出栏，争取养猪效益的最大化。

192. 商品猪场内部必须装配哪些设备？

商品猪场或工厂化养猪场的主要饲养设备有猪栏及饲喂、饮水、通风、清粪、防疫卫生等设备。因猪场条件限制，所以在配置设备时要从实际出发。

193. 建造猪舍时对地面有什么要求？

地面不仅要平整、牢固，易于消毒、清扫和保暖，而且造价要低，一般多用混凝土。为防止散热，可在地表下层用孔隙较大的炉灰渣、膨胀珍珠岩、空气砖等材料建造一个空气层；为防止潮湿，可在空气层下用油毛毡等防潮材料铺设一个防潮层；为便于排水，猪舍地面应有3%～4%的倾斜度。

第七章

猪 病 防 治

194. 猪传染病发生和发展的条件有哪些？

猪传染病的发生和发展必须具备以下3个互相联系的条件（图7-1）：

（1）具有一定数量和足够毒力的病原微生物。

（2）有对该传染病有易感性的猪。

（3）具有可促使病原微生物侵入易感猪体内的外界条件。

图7-1　猪传染病流行的3个环节

195. 当前猪病有什么特点？

（1）病原体变异情况增多，新的疫病不断出现（图7-2）

近20多年来我国新出现了30多种传染病，其中猪病就有7种，如猪繁殖与呼吸综合征、猪圆环病毒Ⅱ型感染、猪增生性肠炎等。

图7-2　新的猪病不断增多

（2）猪群的发病方式由原来的以单一感染为主转向以混合感染或继发感染为主（图7-3）

我国流行的猪病呈现出病原多元化的特点，既有病毒与病毒的混合感染、细菌与细菌的混合感染，也有病毒与细菌的混合感染，甚至有病原（病毒或细菌）与寄生虫或与非传染性疾病病原混合感染的现象。

图7-3 猪血液原虫病混合感染

（3）免疫抑制性疾病的威胁逐渐加剧（图7-4）

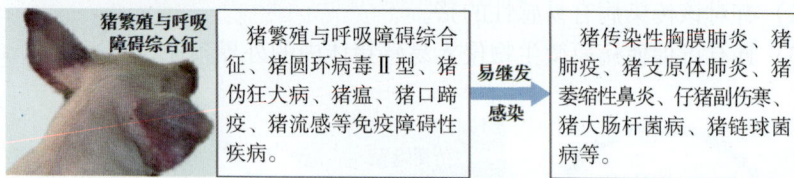

猪繁殖与呼吸障碍综合征、猪圆环病毒Ⅱ型、猪伪狂犬病、猪瘟、猪口蹄疫、猪流感等免疫障碍性疾病。

易继发感染→

猪传染性胸膜肺炎、猪肺疫、猪支原体肺炎、猪萎缩性鼻炎、仔猪副伤寒、猪大肠杆菌病、猪链球菌病等。

图7-4 免疫抑制性疾病对猪的威胁逐渐加剧

（4）猪呼吸道传染病日益突出（图7-5）

以猪肺炎支原体、猪繁殖与呼吸综合征病毒、猪圆环病毒Ⅱ型病毒、猪传染性胸膜肺炎放线杆菌、猪流感病毒等引起的呼吸道疾病综合征日益突出，尤其是保育猪和生长猪呼吸道疾病更为严重，且不易控制。

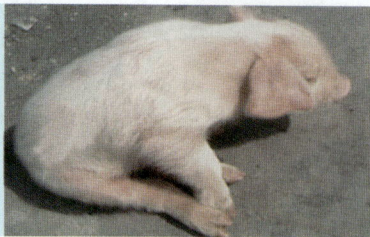

图7-5 保育猪气喘病

（5）繁殖障碍综合征普遍存在（图7-6）

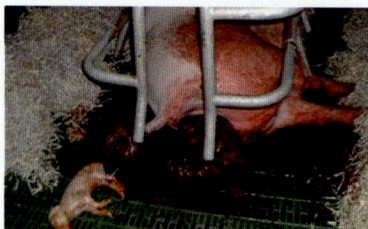

由猪繁殖与呼吸综合征、猪圆环病毒Ⅱ型、猪伪狂犬病、猪细小病毒病、日本乙型脑炎、衣原体感染、猪弓形虫病和猪附红细胞体病造成的繁殖障碍综合征较为普遍和严重。

图7-6 母猪产死胎时并发子宫脱

（6）**高热症候群十分常见** 由多种病原以混合感染和继发感染等方式感染猪群，导致的高热症候群仍然普遍。

（7）**猪的非典型性疾病持续增多**（图7-7）

近年来非典型性疫病病例数量明显增多，如猪瘟、蓝耳病、伪狂犬病等都出现了非典型病例，特别是在不发达地区的养猪场、散养户饲养的猪发病率较高。

图7-7 非典型猪瘟病猪

（8）**肾病发生逐渐增多**（图7-8）

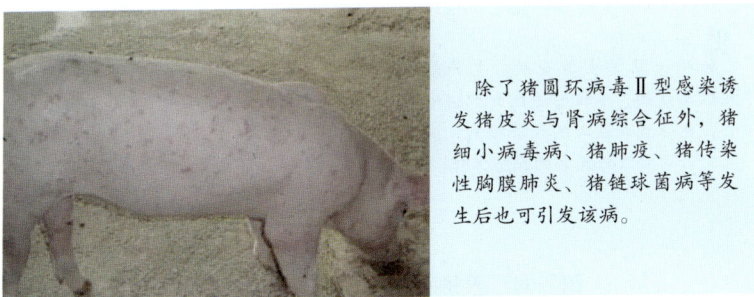

除了猪圆环病毒Ⅱ型感染诱发猪皮炎与肾病综合征外，猪细小病毒病、猪肺疫、猪传染性胸膜肺炎、猪链球菌病等发生后也可引发该病。

图7-8 猪皮炎与肾病综合征

（9）**消化道疾病非常广泛**（图7-9）

无论是现代规模养殖场，还是中、小规模的养殖专业户或散养户，猪的消化道疾病均有发生，占疾病的35%～45%，大多是由饲养管理不当造成的。

图7-9 断奶仔猪腹泻

（10）耐药性严重（图7-10）

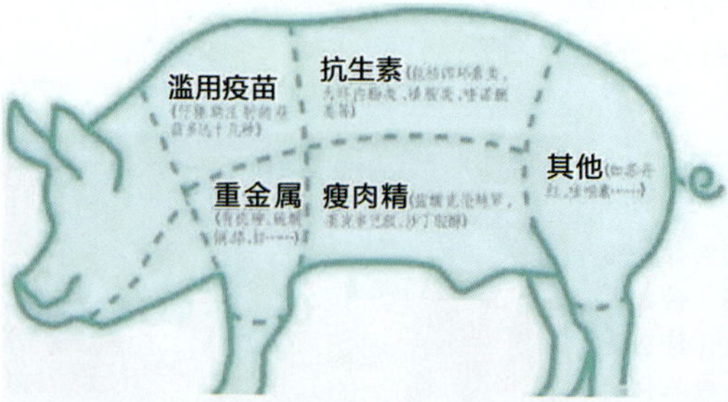

滥用疫苗
抗生素
其他
重金属 瘦肉精

抗生素的乱用、滥用，使得病原菌的耐药性逐渐增强。

图7-10 滥用抗生素猪体地图

196. 养猪为什么要进行疫病防控？

猪病，特别是传染病，是养猪生产的大敌，危害严重（图7-11）。

猪场一旦发生传染病，尤其是烈性传染病，不仅会造成大批猪死亡，也会造成巨大的经济损失。因此，必须要做好疾病的预防工作。

图7-11 养猪必须要做好疾病防疫工作

（1）**针对传染源** 将发病或携带病原微生物的猪及时隔离开并单独饲养，将疾病严格控制在一个较小的范围内，严禁将发病的猪、被污染的饲料及粪尿污物传播出去（图7-12）。

对病猪或治愈或捕杀或淘汰。对病死猪要进行深埋或销毁等无害化处理，以消灭传染源，这是预防传染病最基本的方法。

图7-12 对病死猪要进行深埋或销毁处理

（2）**针对传播途径**　对疫区进行封锁，将一切用具、饲料等严格分开（图7-13）。

对被病猪污染过的地方进行严格消毒，如圈舍、垫草、用具及饲养员的衣物等，以切断一切传播途径，这是预防传染病的最好办法。

图7-13　猪舍及用具等要彻底消毒

（3）**针对易感猪**　根据免疫程序适时进行免疫（图7-14）。

给猪进行免疫，使其产生坚强的免疫力，将易感猪变成非易感猪是预防猪发生传染病最根本的保证。

图7-14　适时给猪接种疫苗

197. 养猪常见的免疫抑制性传染病有哪些？

许多病原微生物均可诱导猪体产生明显的免疫抑制（表7-1）。

表7-1　猪主要的免疫抑制性传染病

病原体	疫病名称
病毒	猪繁殖与呼吸综合征（猪蓝耳病）、猪圆环病毒Ⅱ型（猪圆环病毒病）、猪瘟、猪伪狂犬病、猪口蹄疫
支原体	猪支原体肺炎（猪气喘病）、猪附红细胞体病（由嗜血支原体引起）
细菌	猪副嗜血杆菌病

198. 猪场必须制定哪些卫生防疫制度？

为了预防、控制猪的传染病，保护猪场的正常生产和健康发展，提高养猪场效益，猪场必须建立严格的兽医卫生防疫制度和生产管理承包责任制度，由主管兽医负责监督执行；制定猪舍疫情报告制度，以及检疫消毒、预防接种、驱除内外寄生虫制度，提倡科学管理和用配合饲料饲养，坚持自繁自养的原则。

199. 猪场的防病措施有哪些？

（1）猪场四周要有围墙，猪场要有门，生产区和猪舍门口要设消毒池（视频6），池内有2%氢氧化钠溶液或20%石灰乳等。消毒液要及时更换，经常保持有效浓度（图7-15）。

视频6

严禁一切外来动物进入场内，严禁将猪肉及其制品带入饲养区，闲杂人员和买猪者不准进入猪场，应尽量减少参观。

图7-15　生产区门口设置消毒池

（2）猪舍应保持通风良好、光线充足、室内干燥等（图7-16）。

（3）根据猪的生长发育和生产需要，供给所需的配合饲料（图7-17）。

（4）猪粪要堆积发酵或用蓄粪池发酵处理（图7-18）。

（5）每年进行1～2次猪体内外寄生虫的驱虫工作。

（6）猪舍和用具每年至少于春、秋季进行两次彻底清扫、消毒，每月

图7-16　保证猪舍通风、干燥

进行一次常规消毒，消毒药常用2%氢氧化钠溶液或0.5%过氧乙酸。饲养用具先用热的氢氧化钠溶液消毒，再用清水洗涤、晒干后使用（图7-19）。

经常注意检查饲料品质，禁止给猪饲喂不清洁、发霉、变质的饲料；饲料加工厂也应具有防疫消毒措施。

图7-17 供给猪配合饲料

猪粪堆积发酵或用蓄粪池发酵，利用生物热消灭粪便中的病原体、微生物，以提高肥效。

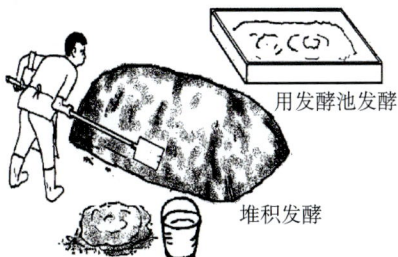

用发酵池发酵

堆积发酵

图7-18 猪粪要堆积发酵或用蓄粪池发酵处理

育肥猪舍采取"全进全出"的消毒方法，分娩后采取"全进全出"式消毒；每批猪出栏后彻底大消毒，空圈1周后方可进猪。不能实行"全进全出"的猪舍要进行定期消毒。

图7-19 猪舍采取"全进全出"式消毒

（7）兽医人员和饲养人员在工作期间必须穿工作服和工作鞋（图7-20）。

猪场兽医人员和饲养人员在工作结束后要将工作服和工作鞋留在更衣室内，严禁带出场外。工作服、工作鞋要经常消毒，保持清洁。

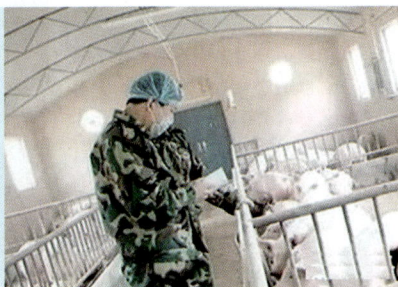

图7-20 兽医人员和饲养人员在工作期间必须穿工作服和工作鞋

(8) 对新引进猪必须对其进行隔离观察（图7-21）。

为确保猪场安全，防止疫病传入，必须由非疫区购入种猪，且经当地兽医部门检疫后签发检疫证明书，再经本场兽医人员验证、检疫，隔离观察1个月以上。经检查认为健康后全身喷雾消毒，入舍后混群。

图7-21　新引进猪种必须隔离观察

【提示】 搞好消毒工作，严防病原传播，是预防传染病发生的重要环节。

200. 新购仔猪如何进行防疫？

（1）要先调查仔猪产地、疫病流行情况（图7-22）。

无疫病流行区

从无疫病流行的地区购买仔猪，同时索要产地兽医部门开具的检疫证明。

图7-22　从无疫病流行区购买仔猪

（2）新购进的仔猪只有隔离饲养15天，才能与原有的生猪混群饲养（图7-23）。

新购进的仔猪第1天不喂食，只供应自配的含白糖5%～8%、食盐0.3%、新霉素0.01%的饮水，让其自由饮用，以防止发生应激反应；第2～4天喂流食；自第5天开始喂常规饲料。

图7-23　新购进仔猪要隔离饲养

（3）仔猪经1周的适应后即可实施预防接种（图7-24）。

在购进后的第8天进行猪瘟疫苗注射。在注射的前后均用酒精棉球消毒局部，一头猪用一个针头，用过的针头未经煮沸消毒不许再用。疫苗稀释液最好用生理盐水，稀释后必须在4小时内用完，未用完的应废弃。

图7-24　新购进仔猪的预防接种

（4）在对新购进仔猪实施免疫后的第3天，选用高效、低毒、安全的驱虫药物，如左旋咪唑进行驱虫（图7-25）。

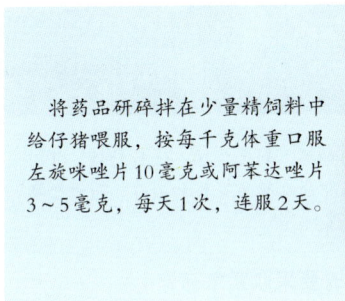

将药品研碎拌在少量精饲料中给仔猪喂服，按每千克体重口服左旋咪唑片10毫克或阿苯达唑片3～5毫克，每天1次，连服2天。

图7-25　药物拌料驱虫

201. 猪场（猪群）发生传染病怎么办？

（1）当猪场（猪群）发生传染病或疑似传染病时，必须及时隔离处理和采取必要的措施（图7-26、图7-27）。

一旦发现猪群发病，应立即采取隔离消毒，尽快确诊，并逐级上报。当病因不明或不能确诊时，应将病料及时送交有关部门检验。

图7-26　封锁疫区、带猪消毒

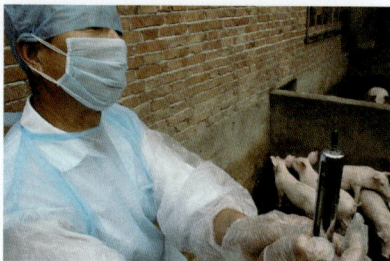

对尚未发病的猪及其他受威胁的猪，要紧急预防接种或进行药物预防，并加强观察，注意疫情发展动态。

图7-27 对发病猪群进行紧急接种

（2）当确诊为传染病时，应尽快采取紧急措施（图7-28）。

当确诊猪群发生传染病时，根据传染病的种类，划定疫区，进行封锁，并对全场猪进行仔细检查，病猪及可疑病猪应立即分别隔离观察和治疗，同时全场猪进行紧急消毒，尽可能缩小病猪的活动范围。

图7-28 猪场发生传染病时要采取紧急措施

（3）被传染病污染的场地、用具、工作服等必须彻底消毒，粪便及铺草应予以烧毁。消毒时应先将圈舍中的粪尿污物清扫干净，铲去地面表层土壤（水泥地面的应清洗干净），再用消毒药液彻底消毒，病死猪要进行无害化处理（图7-29）。

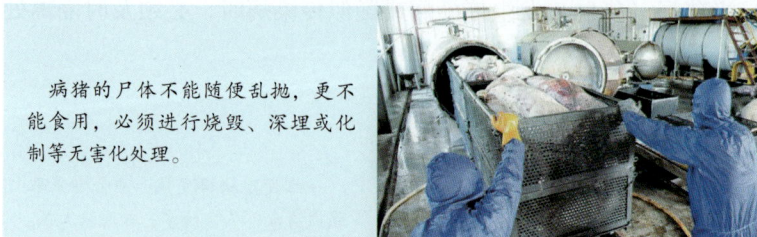

病猪的尸体不能随便乱抛，更不能食用，必须进行烧毁、深埋或化制等无害化处理。

图7-29 病死猪用无害化处理机进行处理

202. 如何采集和保存病料？

（1）病料采集 所采病料应力求新鲜，最好在病猪临死前或死后2小时内采集；采集病料时应尽量减少杂菌污染；对危害人体健康的病猪，须注意个人防护并避免散毒（图7-30）。

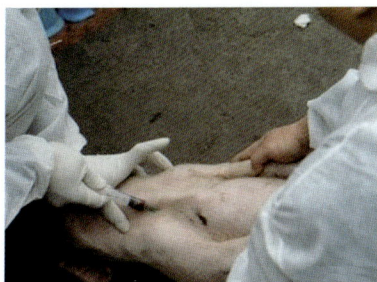

对难以估计是何种传染病时，可采取全身各器官组织或有病变组织；对专嗜性传染病或以某种器官为主的传染病，应采取相应的组织；对流产的胎儿或仔猪可整个包装送检；对疑似炭疽的病猪严禁解剖，但可采耳尖血涂片送检，采集血清时应注意防止溶血，每头猪采全血10～20毫升，静置后分离血清。

图7-30　病猪的前腔静脉采血

（2）病料保存　新鲜病料应快速送检（图7-31）。

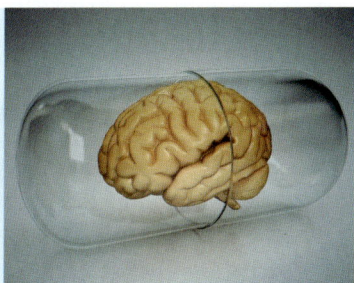

①用于细菌检验材料，将采取的组织块保存于30%甘油缓冲液中，容器加塞封固。

②用于病毒检验材料，将采取的组织块保存于50%甘油生理盐水中，容器加塞封固。

③用于血清学检验材料，组织块可用硼酸或食盐处理，血清等材料可在每毫升中加入1滴3%石炭酸溶液。

图7-31　猪病料保存送检

203. 猪场应常备哪些药物？

猪场常备药物主要有以下几种（表7-2）。

表7-2　猪场常备药物

类别	药物名称	备注
抗菌药物	①四环素类　包括四环素、金霉素与土霉素 ②氨基糖苷类　包括链霉素、双氢链霉素、新霉素、卡那霉素、庆大霉素与阿米卡星 ③青霉素类　包括青霉素G钾、青霉素G钠和氨苄青霉素 ④大环内酯类　包括红霉素、螺旋霉素、泰乐菌素等 ⑤磺胺类　包括磺胺嘧啶、磺胺甲基嘧啶、磺胺二甲基嘧啶、复方新诺明等 ⑥喹诺酮类　包括环丙杀星、恩诺杀星等	此类药物既可用于治疗由细菌引起的疾病，也可用于治疗由病毒引起的疾病，可减少并发病的发生。抗菌药物种类很多，同类药物常可互相替代，每类药物猪场只准备一两种即可

（续）

类别	药物名称	备注
驱虫药物	①阿苯达唑和左旋咪唑　可驱除线虫与某些吸虫、绦虫 ②敌百虫　可驱除线虫与体外寄生虫，并能驱除姜片吸虫与鞭虫等 ③伊维菌素和阿维菌素　一次可驱除多种体内外寄生虫 ④敌杀死　猪舍喷雾可杀蚊蝇，也可驱杀猪体虱、螨等	
其他药物	口服补液盐、解热药、强心药、解毒药等和体外用消炎药（如酒精、碘酊、龙胆紫等）	

204. 养猪常用的生物制品有哪些？

按照生物制品的用途分为预防用生物制品、治疗用生物制品和诊断用生物制品三大类（表7-3）。

表7-3　猪场常用生物制品

类别	药物名称	备注
预防用生物制品	①疫苗　可分为两类：一类是活毒或弱毒疫苗，如猪瘟兔化弱毒冻干疫苗，鸡新城疫活疫苗等。另一类是死毒疫苗或灭活疫苗，制成这种疫苗的病毒已被化学药品或其他方法杀死或灭活，如猪口蹄疫O型灭活油佐剂疫苗、猪蓝耳病灭活疫苗等 ②菌苗　可分为两类：一类是毒力减弱的由细菌制成的活菌苗，如Ⅱ号炭疽芽孢苗、布鲁氏菌Ⅱ号活菌苗等；另一类是用化学方法或其他方法杀死细菌制成的死菌苗，如猪丹毒灭活疫苗、副猪嗜血杆菌病灭活疫苗等 ③类毒素　如破伤风类毒素 ④虫苗	对于猪寄生虫病，现在大多选用药物进行驱虫预防，很少使用疫苗
治疗用生物制品	①抗血清，如抗猪瘟血清、抗炭疽血清等，主要用于治疗传染病，也可用于紧急预防 ②抗毒素，主要用于治疗或用于紧急预防传染病，如破伤风抗毒素	
诊断用生物制品	如用于检测相应抗原抗体或机体免疫状态的一类制品，包括菌素、毒素、诊断血清、分群血清、分型血清、因子血清、诊断菌液、抗原、抗原或抗体致敏血清、免疫扩散板等，又如用于诊断结核病的结核菌素、马传染性贫血琼脂扩散试验抗原、炭疽沉淀素血清等	

205. 食品动物禁用的兽药及其他化合物有哪些？

食品动物禁止使用的药品及其他化合物清单见视频7。

视频7

206. 猪场常用的消毒方法有哪些？

（1）生物热消毒法　生物热消毒法用于被病猪污染或没有污染的粪便、垫草、污物的无害化处理。

堆积发酵

将猪粪、污物等采取堆积发酵的方法，可使其温度达到70℃以上，经过一定时间可杀死除芽孢以外的细菌、病毒、寄生虫卵等病原。

（2）物理消毒法　即利用阳光（图7-32）、紫外线、干燥、高温（包括煮沸、火烧等）（图7-33）杀灭病原体。

阳光中含有紫外线，有杀灭病菌的作用。一般的病毒和不产生芽孢的细菌，在阳光照射下几分钟至数小时就可被杀死。

图7-32　阳光照射法消毒猪舍

高温多用于抵抗力顽强的病原体、病死猪和垫草污物等的消毒，煮沸和蒸汽多用于一般病原体的消毒。

图7-33　高温火焰法消毒

（3）化学消毒法　即利用化学药物的作用杀死细菌和病毒，以达到消毒的目的（图7-34）。

在选择化学消毒剂时，应考虑对人和猪的毒性小、广谱、高效、不损害被消毒的物体、容易溶于水、在环境中稳定、不易失去消毒作用、价格低廉和使用方便。

图7-34 化学消毒法消毒

207. 养猪常用的消毒药物有哪些？

见表7-4。

表7-4 养猪常用的清毒药物

类别	药物名称及应用	备注
酒精	常用75%酒精消毒猪体表皮肤	在治疗、预防注射时，多采用酒精棉消毒
碘酊	常用5%碘酊用于皮肤消毒	去势仔猪时可作为刀口消毒剂，以防止创口感染
煤酚皂（来苏儿）	一般用3%～5%来苏儿溶液消毒被非芽孢污染的猪圈、食槽、用具、场地和污染物等，1%～2%的溶液可用于手的消毒	
氢氧化钠（苛性钠）	通常用2%的热溶液喷洒消毒被病毒、细菌污染的猪舍、场地、车辆、用具、排泄物等	
草木灰	常用30%新鲜干燥的草木灰热溶液，喷洒消毒或洗涮被病毒污染的猪舍、场地、车辆、用具、排泄物等	
生石灰	常用10%～20%的乳剂，涂刷猪舍墙壁、用具，泼洒地面等，用于菌类的消毒	
漂白粉	常用5%～20%混悬液对被细菌、病毒污染的猪舍、场地、车辆、用具等喷洒消毒，20%混悬液可用于芽孢消毒（应消毒5次，每次间隔1小时）	
过氧乙酸	常用0.2%～0.5%溶液喷洒或熏蒸消毒猪舍、墙壁、地面、用具、食槽等	
高锰酸钾	常配成0.1%～0.2%溶液用于黏膜、创面或饮水消毒。用0.1%～0.2%给猪饮水，可预防某些传染病。与福尔马林加在一起，可做甲醛熏蒸消毒	

（续）

类别	药物名称及应用	备注
福尔马林（甲醛溶液）	常配成1%～5%溶液喷淋消毒，并可在密闭猪舍内用其蒸汽熏蒸消毒10～24小时，每立方米用本品20～80毫升，加10～40克高锰酸钾，对细菌芽孢、霉菌、病毒和一些寄生虫卵及幼虫均有杀灭作用	
过硫酸氢钾	常配成1%～2%的过硫酸氢钾溶液喷洒消毒，因其渗透能力极强，一般5分钟就能杀灭细菌、10分钟能杀灭病毒	可以带猪消毒、清理水线，安全高效、副作用小

208. 预防猪病常用疫（菌）苗有哪几种？

预防猪病的疫苗很多，常用的有以下几种（表7-5）。

表7-5　预防猪病常用疫苗

疫苗名称	状态	稀释剂	剂量	使用方式	备注
猪瘟兔化弱毒疫苗	冻干疫苗	生理盐水	1毫升	肌内注射	4天产生免疫力，2月龄以上猪免疫期1年
猪丹毒氢氧化铝甲醛菌苗	乳浊液		5毫升	皮下注射	注射后14～21天产生坚强的免疫力，免疫期6个月
猪丹毒弱毒冻干菌苗	冻干疫苗	生理盐水	1毫升	皮下注射	注射后7天可产生免疫力，免疫期9个月
猪肺疫氢氧化铝菌苗	乳浊液		5毫升	皮下注射	注射后14天可产生免疫力，免疫期9个月
猪肺疫弱毒菌苗		冷开水	5亿个菌量	混料饲喂	服后21天产生免疫力，免疫期3个月
猪瘟-猪丹毒-猪肺疫三联疫苗	冻干疫苗	氢氧化铝生理盐水	1毫升	肌内注射	注射后14～21天产生免疫力，猪瘟免疫期1年，猪丹毒和猪肺疫免疫期6个月
仔猪副伤寒弱毒冻干菌苗	冻干疫苗	氢氧化铝溶液	1毫升	肌内注射	注射后7天可产生免疫力，免疫期6个月
仔猪红痢菌苗	冻干疫苗	氢氧化铝生理盐水	10毫升	肌内注射	注射后7天可产生免疫力，免疫期6个月

（续）

疫苗名称	状态	稀释剂	剂量	使用方式	备注
口蹄疫灭活疫苗	乳状液	生理盐水	2～3毫升	皮下注射	10～25千克2毫升；25千克以上3毫升。注射后14天可产生免疫力，免疫期1年
猪水肿病油佐剂灭活疫苗	油乳剂	生理盐水	2毫升	肌内注射	注射后10～14天产生免疫，免疫期6个月
猪细小病毒病疫苗	液体	生理盐水	2毫升	深部肌内注射	注射后10～14天产生免疫，免疫期6个月
猪气喘病弱毒疫苗	液体	生理盐水	5毫升	胸腔注射	注射后60天产生免疫力，免疫期长达8个月以上
猪乙型脑炎弱毒疫苗	冻干疫苗	专用稀释液稀释	2毫升	皮下或肌内注射	注射后7天产生免疫力，免疫期长达12个月以上
猪伪狂犬病灭活疫苗	油乳剂	专用稀释液稀释	2毫升	肌内注射	断奶时每头2毫升/次，间隔28～42天，加强免疫1次，母猪产前1个月免疫1次，种用公猪每年免疫2次，剂量为2毫升/次
破伤风抗毒素	油乳剂	专用稀释液稀释	3 000～5 000单位	皮下注射	在猪受伤、做手术、去势后，可作紧急预防破伤风用

209. 使用疫（菌）苗时应注意哪些问题？

（1）使用前要了解当地是否有疫情，然后决定是否使用或用何种疫（菌）苗。

（2）使用时要认真检查疫（菌）苗。

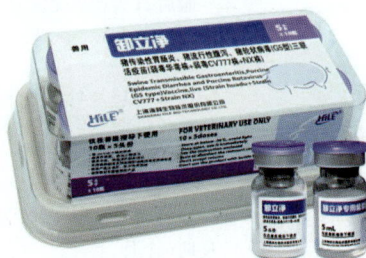

仔细阅读说明书，检查瓶口、胶盖是否密封，对瓶签上的名称、批号、有效期等做好记录，不能使用过期的、冻干疫（菌）苗失空的、瓶内有异物等异常变化的疫（菌）苗。

（3）稀释疫（菌）苗及接种疫（菌）苗的器械用具，使用前后必须洗净消毒。

（4）疫（菌）苗稀释后要充分振荡药瓶，吸取时在瓶塞上固定一个专用针头，并放在冷暗处。如用注射法接种，则每头猪须换一个消毒过的针头。稀释或开瓶后的疫（菌）苗，要在规定的时间内用完。

（5）口服疫（菌）苗所用的拌苗饲料，禁忌拌于酸败、发酵等偏酸饲料中，禁忌与热水、热食同服，以免失效。

（6）给妊娠母猪接种时动作要轻柔，以免引起机械性流产（图7-35）。

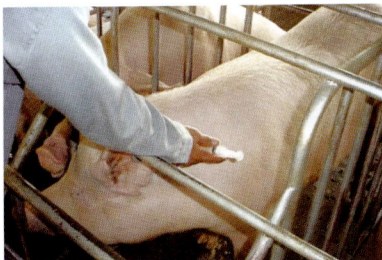

配种后60天以内和临产前15天不要注射疫（菌）苗，以防引起母猪流产。妊娠母猪不宜使用猪瘟疫苗、猪细小病毒病疫苗和猪布鲁氏菌病活疫苗。

图7-35 给妊娠母猪接种疫（菌）苗时动作要轻柔

210. 如何缓解疫苗的应激反应？

疫苗的应激反应是指在接种过程中，机体在产生免疫应答的同时，本身也受到一定程度的损伤（图7-36）。

通常情况下，猪在注射疫苗后，常常会发生体温偏高、采食量下降、泌乳量减少、死淘率增加等应激反应，但一般会在3～10天后恢复正常，个别的会拖延更长一段时间。

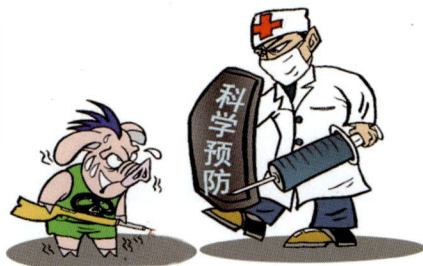

例如，给猪注射O型口蹄疫灭活疫苗后，猪的免疫应激反应普遍且比较强烈，当天下午注射后，第2天猪基本不食，皮肤发红，严重的可导致猪死亡，直到第3～4天才慢慢康复；给仔猪注射猪瘟疫苗后，快的几秒钟、慢的5分钟内仔猪就表现出呕吐、呼吸困难、四肢抽搐、角弓反张等应激反应。

图7-36 注射疫苗时常会出现应激反应

缓解疫苗应激反应的措施有：

①强化养殖人员的免疫意识，规范操作流程。

②加强营养，保持猪体健康（图7-37）。

注射疫苗前3天可以用黄芪多糖、电解多维给猪饮水，这对消除或缓解应激反应可起到很大作用。注射疫苗后，若能及时投药3天也能很快消除应激反应。

图7-37 在猪的饮水中添加抗应激药品

【提示】给猪注射疫苗时一定要减少应激。

211. 养猪户怎样自辨猪病？

一看猪的精神状态（图7-38）。

病猪精神委顿、行走摇摆、动作呆滞、反应迟钝，或在圈内打转，或横冲直撞，或痴立不动。

图7-38 看猪的精神状态

二看猪的双眼（图7-39）。

眼结膜苍白，常见于贫血或内脏出血等；眼结膜充血潮红，是某些器官有炎症或热性病的表现；眼结膜为紫红色，多为血液障碍所致，常见于发病后期。

图7-39 看猪的双眼

三看猪的鼻盘（图7-40）。

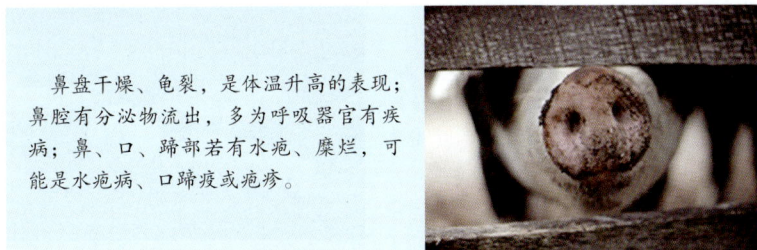

鼻盘干燥、龟裂，是体温升高的表现；鼻腔有分泌物流出，多为呼吸器官有疾病；鼻、口、蹄部若有水疱、糜烂，可能是水疱病、口蹄疫或疱疹。

图7-40　看猪的鼻盘

四看猪的尾巴（图7-41）。

尾巴下垂不动，手摸尾根部冷热不均、猪无反应，则表示其有疾病。

图7-41　看猪的尾巴

五看猪的皮肤（图7-42）。

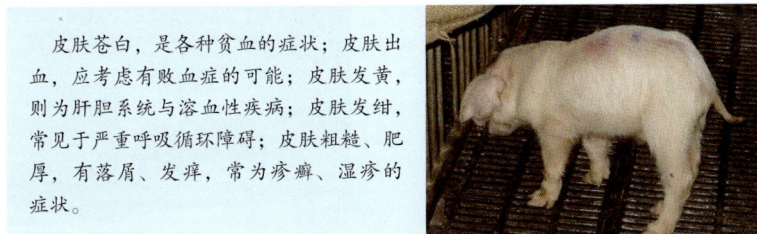

皮肤苍白，是各种贫血的症状；皮肤出血，应考虑有败血症的可能；皮肤发黄，则为肝胆系统与溶血性疾病；皮肤发绀，常见于严重呼吸循环障碍；皮肤粗糙、肥厚，有落屑、发痒，常为疹癣、湿疹的症状。

图7-42　看猪的皮肤

六看猪的腰部外形（图7-43）。

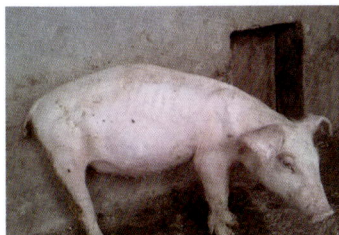

猪的腰部显著膨大、呼吸急促，则有肠梗阻与肠扭转的可能；如腹围缩小、骨瘦如柴、体质弱差，则多见于营养不良和慢性消耗性疾病。

图7-43　看猪的腰部外形

七看猪的行走状态（图7-44）。

猪行走蹒跚、举步艰难、尾巴下垂、卧地不起等，表示有疾病；或四肢僵硬、腰部不灵活、两耳竖立、牙关紧闭、肌肉痉挛，则是破伤风的表现。

图7-44　看猪的行走状态

八看猪的肛门（图7-45）。

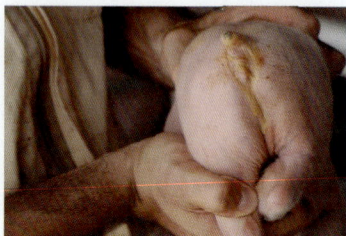

肛门周围有粪便污染，多见于腹泻等疾病。

图7-45　看猪的肛门

九看猪的尿液（图7-46）。

尿液频多或减少，颜色改变，是疾病的征兆。如果猪频频排尿，且尿液呈断续状排出，说明排尿疼痛，尿道有炎症；若排血尿，则有尿结石、钩端螺旋体病的可能。

图7-46　看猪的尿液

十看猪的粪便（图7-47）。

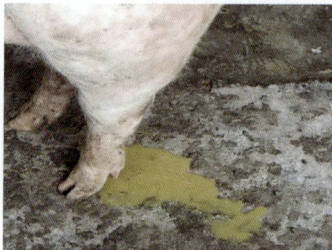

粪便干燥、排粪次数减少、排粪困难，则常见于便秘等；粪便稀清如水或呈稀泥状、频频排粪，则多见于食物中毒、肠内寄生虫病及某些传染病；仔猪排灰白色、灰黄色水样粪便，并带有腥臭味，则是仔猪黄痢或白痢的症状；粪便发红，且混有大量小气泡、恶臭，则是出血性肠炎的症状。

图7-47　看猪的粪便

212. 猪的保定方法有哪几种？

（1）圈舍保定法　用于肌内注射（图7-48）。

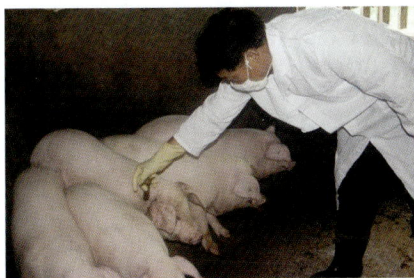

把猪群赶到圈舍的角落里，关紧圈门，不让其散群，趁猪拥挤在一起时，兽医人员慢慢接近猪群，瞅准机会迅速进行注射。注射部位多选择耳后或臀部肌肉丰满处，且以金属注射器为好。

图7-48　圈舍保定法

（2）站立保定法　用于保定仔猪（图7-49）。

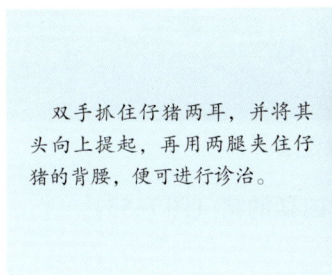

双手抓住仔猪两耳，并将其头向上提起，再用两腿夹住仔猪的背腰，便可进行诊治。

图7-49　站立保定法

（3）提举后肢保定法　用于保定仔猪（图7-50）。

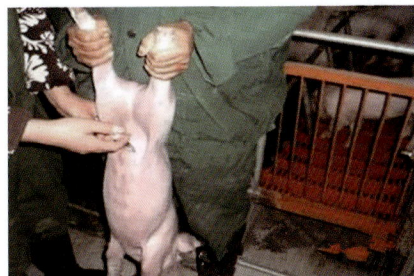

捉住仔猪两后腿，并向上提举，使猪倒立，同时用两腿将猪夹住，便可进行诊治。

图7-50　提举后肢保定法

（4）横卧保定法　适用于保定中等大小的猪（图7-51）。

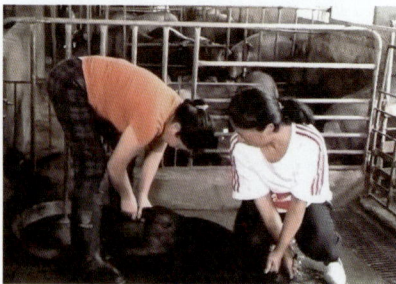

一人抓住猪的一条后腿，另一人抓住猪的耳朵，两人同时向一侧用力将猪放倒，并适当按住颈及后躯，加以控制，即可进行诊治。

图7-51　横卧保定法

（5）木棒保定法　用于保定大猪和性情凶猛的猪（图7-52）。

用一根1.6～1.7米长的木棒，末端系一根35～40厘米长的麻绳，再用麻绳的另一端在近木棒末端15厘米处，做成一个固定大小的套，将套套在猪上颌骨犬齿的后方，随后将木棒向猪头背后方转动，收紧套绳，即可将猪保定。

图7-52　木棒保定法

（6）鼻绳保定法　用于保定大猪和性情凶猛的猪（图7-53）。

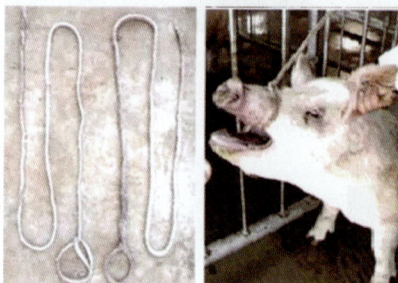

用一条2米长的麻绳，在一端做成直径为15～18厘米的活结绳套，从口腔套在猪的上颌骨犬齿的后方，将另一端拴在柱子上或用人拉住，拉紧活套使猪头提举起来，即可进行灌药、打针等。

图7-53　鼻绳保定法

213. 怎样给猪灌药？

当病猪无食欲或药物有特殊气味时，常采用灌服喂药法（图7-54）。采用这种方法时必须坚持有间歇的、每次少量慢灌的原则。也可以用特制的塑料灌药瓶，装上配好的药液，保定好猪，将药瓶嘴插入猪的口角灌药，等猪咽下后再灌。

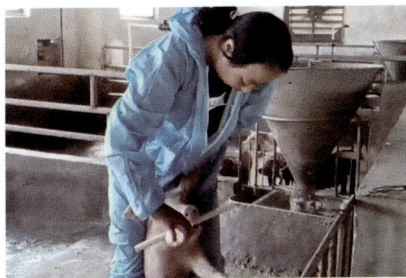

一般将猪适当保定以后，用一根细木棍卡在猪嘴内，使猪口腔张开，将药液倒入一斜口细的竹筒内（或用小匙），从猪舌侧面靠腮部徐徐倒入药液，使猪自行吞咽。如猪含药不咽时，可摇动木棒促使其下咽。

图7-54　给猪灌药

214. 怎样给猪灌肠？

灌肠，是向猪直肠内注入大量的药液、营养液或温水，直接作用于肠黏膜，使药液、营养液被吸收或排出宿粪，以及除去肠内分解产物与炎性渗出物，达到治疗疾病的目的（图7-55、视频8）。

视频8

灌肠时，可将猪进行横卧或站立保定。使用灌肠器，将橡胶管一端插入直肠，另一端连接漏斗，将溶液倒入漏斗内，即可灌入直肠。也可用100毫升的注射器注入溶液。

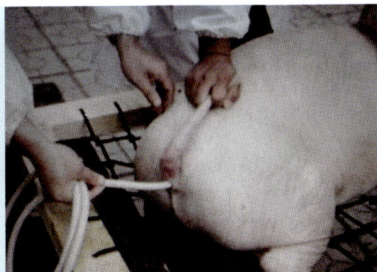

图7-55　直肠灌药

215. 怎样给猪注射？

（1）皮下注射（图7-56）

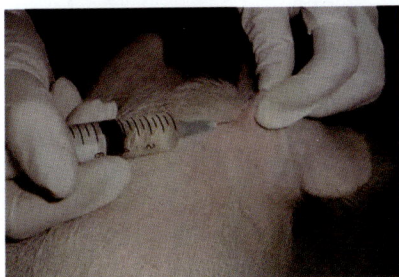

注射时，可将皮肤捏成皱褶，将药液注入皮下疏松组织中。由于皮下有脂肪层，吸收较慢，故一般5～15分钟才可产生药效，注射部位多为猪的耳根后部、腹下或股内侧。

图7-56　皮下注射法

（2）肌内注射（图7-57）

注射时，将药液注入肌肉内。由于肌肉内血管丰富，故药液吸收速度快。注射部位多为猪的颈部或臀部。

图7-57　肌内注射法

> ➡ 【提示】肌内注射时尽量是深部肌内注射，严防将药液注入皮下组织。

（3）静脉注射（图7-58）

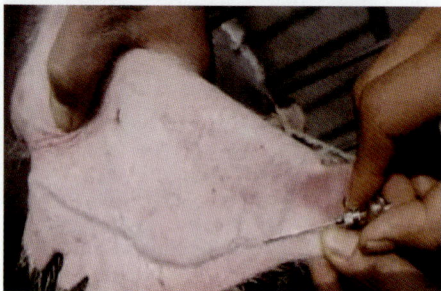

将药液注到静脉内，使药液迅速产生作用。注射部位多为猪的耳静脉，若对猪的保定不合适，可选择前肢静脉注射。

图7-58　静脉注射法

（4）腹腔注射（图7-59）

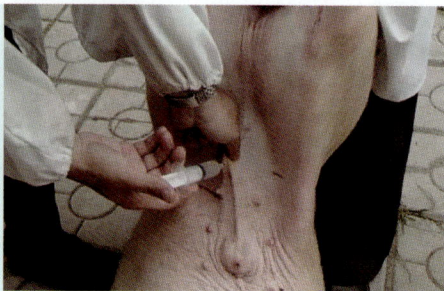

注射时，将腹壁皮肤捏成皱褶，将药液注到腹腔内。这种方法一般在耳静脉不易注射时采用。注射部位，大猪在腹肋部，小猪在耻骨前缘下3～5厘米中线侧方。

图7-59　腹腔注射法

（5）气管注射（图7-60）

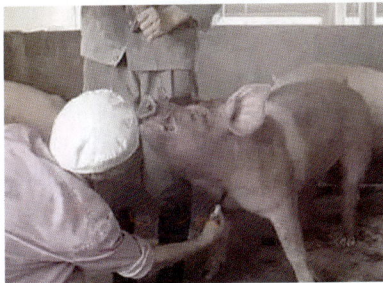

注射时，将药液直接注射到气管内。注射部位一般选择在颈胸部气管的上1/3处、气管分叉之前，适用于肺部驱虫及治疗气管和肺部疾患。

图7-60 气管注射法

216. 怎样计算猪个体的给药剂量？

当用药物治疗病猪时，首先要看明白使用说明书。如果已标明每千克体重注射剂量，则照此执行。但有时只标明每千克体重注射的毫克数，那就要进行换算。

另外，不少药物，如肾上腺素、安钠咖、阿托品、安乃近等，多采用不标明每千克体重用量而只注明"猪"的用量的方式，凡是不标明的通常指50千克标准体重猪的用量，可以先除以50，再换算出每千克体重的大致用量。

217. 给猪注射时应注意哪些事项？

（1）注射前，针头、注射器要彻底消毒。

注射前，针头、注射器械等物品，要经过煮沸或高压蒸汽消毒器（图7-61）彻底杀菌消毒。

图7-61 高压蒸汽消毒器

（2）注射时要将猪保定好，注射部位要消毒（图7-62）。

（3）稀释药液时要检查药液是否浑浊、是否有沉淀、是否过期等。

（4）不同的药物，给药途径不一样（表7-6）。

给猪注射时，注射部位先用5%的碘酊或75%的酒精棉球消毒。注射后再用碘酊或酒精棉球压住针孔处皮肤，拔出针头。

碘酊消毒

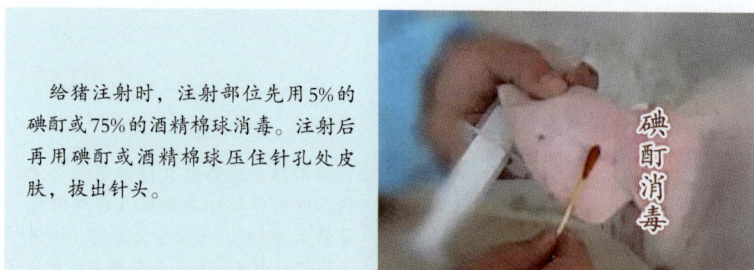

图7-62　注射部位消毒

表7-6　不同药物的使用途径

使用途径	使用要求	常用药物
肌内或皮下注射	凡刺激性较强或不容易被吸收的药液	青霉素、磺胺类药液等
静脉注射	在抢救危急病猪时，输液量大、刺激性强、不宜作肌内或皮下注射的药液	水合氯醛、氯化钙、25%葡萄糖溶液等
腹腔注射	对于无刺激性的药液，天气寒冷而注入量又较多时，需将药液加温到38～39℃	

（5）注射前要注意检查注射器里有无气泡（图7-63）。

（6）注射器及针头用完后，要及时清洗、晾干，并妥善保管（图7-64）。

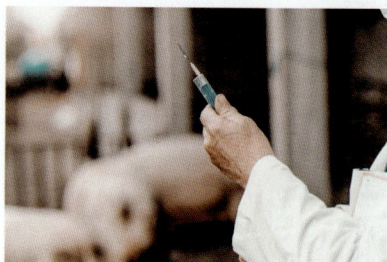

图7-63　排出注射器内的气泡

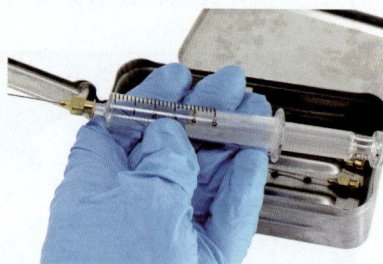

图7-64　注射器及针头等要妥善保管

218. 哪些猪不宜注射疫苗？

（1）妊娠后期和将要临产的母猪，不宜注射疫苗（图7-65）。

（2）1月龄内的哺乳仔猪，不宜或慎重考虑注射疫苗（图7-66）。

（3）病猪或机体极度虚弱的猪，不宜注射疫苗（图7-67）。

图7-65　妊娠后期和将要临产
的母猪不宜注射疫苗

图7-66　1月龄内的哺乳仔猪
不宜注射疫苗

病猪和机体极度虚弱的猪，因
其抵抗力较弱，若再注射疫苗，
就会引起强烈的反应，使病情
加重。

图7-67　病猪和机体极度虚弱的猪不宜注射疫苗

219. 怎样防控猪瘟？

猪瘟是由猪瘟病毒引起的一种急性、热性、接触性传染病，不同年龄、性别的猪均可发病，传染性强，死亡率较高。该病的潜伏期平均为7天。根据临床表现，可将猪瘟分为最急性型、急性型、慢性型和温和型四种类型。

（1）最急性型　病猪常无明显症状，突然死亡，一般出现在初发病地区和流行初期。

（2）急性型　症状见图7-68、图7-69。

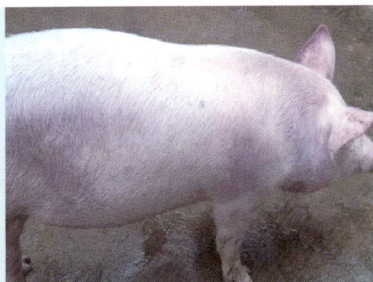

病猪体温达40～42℃，呈现稽留热，喜卧、弓背，打寒战，行走摇晃，食欲减退或废绝。初期便秘，干硬的粪球表面附有大量白色的肠黏液；后期腹泻，粪便恶臭，并带有黏液或血液。公猪包皮发炎，阴茎处积尿，用手挤压时有恶臭的浑浊液体射出。小猪可出现神经症状，表现后退、转圈、强直及游泳状等。

图7-68　急性型猪瘟的症状

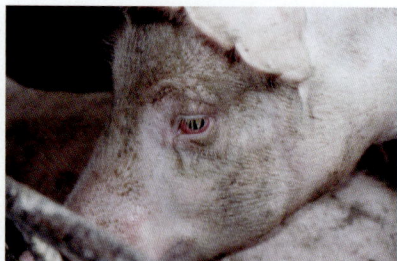

急性猪瘟发生时常伴有结膜炎，有的流脓性分泌物，将上下眼睑粘住，不能张开。

图7-69 急性型猪瘟的结膜炎症状

（3）**慢性型** 多由急性型转变而来，病猪体温时高时低，食欲不振，便秘与腹泻交替出现，逐渐消瘦，贫血，衰弱，被毛粗乱，行走时两后肢摇晃无力（图7-70）。

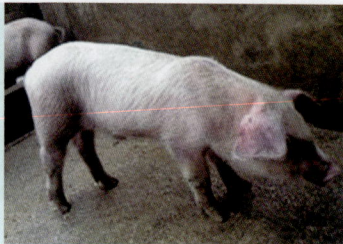

慢性型猪瘟病猪的耳尖、尾端和四肢下部为蓝紫色或坏死、脱落，病程可长达1个月以上，最后衰弱死亡，死亡率极高。

图7-70 慢性型猪瘟

（4）**温和型** 又称非典型，主要发生于断奶后的仔猪及架子猪，表现症状轻微，病程较长，体温在40℃左右，皮肤无小的出血点，但有淤血和坏死，食欲时好时坏，粪便时干时稀，机体十分瘦弱，致死率较高。也有耐过的，但生长发育严重受阻。

剖检主要病变，急性型猪瘟主要呈现败血症变化，其皮肤或皮下有出血点；颈部、鼠蹊、内脏淋巴结肿大，呈暗红色，切面周边出血；喉头黏膜、会厌软骨、膀胱黏膜、心外膜、肺及肠浆膜、黏膜有出血；脾脏边缘有出血性梗死灶（图7-71）。慢性型病例主要病变在大肠（图7-72）。

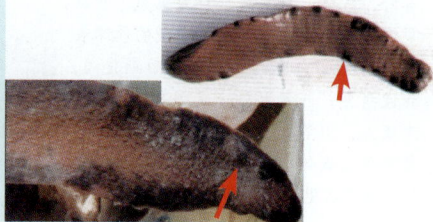

急性型猪瘟病例脾脏常出现出血性梗死，边缘呈紫黑色，有边界清楚的隆起斑块。

图7-71 急性型猪瘟的脾脏变化

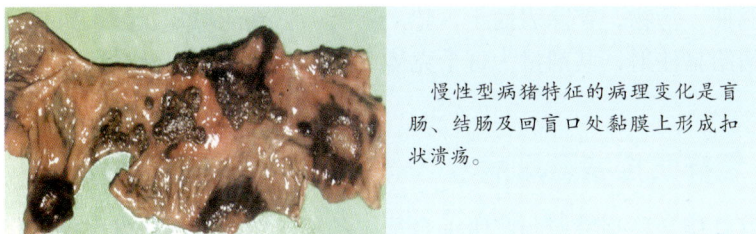

慢性型病猪特征的病理变化是盲肠、结肠及回盲口处黏膜上形成扣状溃疡。

图7-72 慢性型猪瘟的大肠变化

【防控措施】

目前，对于该病还没有有效的治疗方法，主要靠平时的预防。

（1）每年的春、秋两季，除对成年猪普遍进行一次猪瘟兔化弱毒疫苗注射外，对断奶前仔猪及新购进的猪都要及时防疫。猪瘟常发疫区，1头猪做2次疫苗免疫（图7-73）。

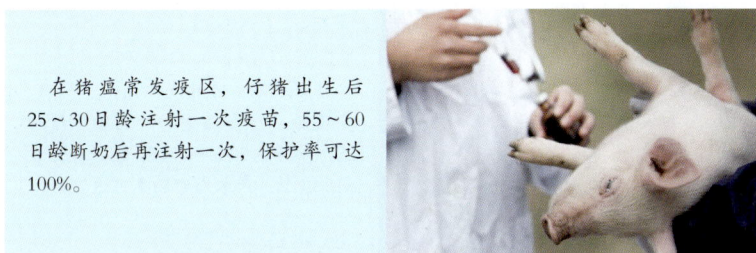

在猪瘟常发疫区，仔猪出生后25～30日龄注射一次疫苗，55～60日龄断奶后再注射一次，保护率可达100%。

图7-73 接种疫苗

（2）在已发生疫情的猪群中，对周围无病区和无病猪舍的猪做紧急预防注射（图7-74），能起到控制疫情和防止疫情扩大的作用。

（3）加强饲养管理，定期进行猪圈消毒，提高猪群的整体抗病力，杜绝从疫区购猪。新购入的猪应隔离观察15～30天，证实无病并注射猪瘟疫苗后方可混群。

（4）在猪瘟流行期间，饲养用具每隔3～5天消毒1次（图7-75）。消毒后彻

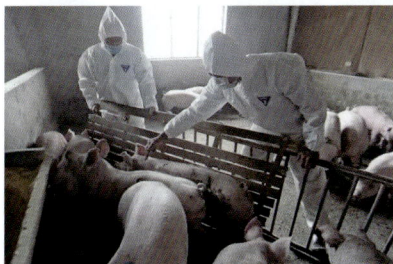

图7-74 给猪群做紧急预防注射

图7-75 猪舍要定时消毒

底消除粪便、污物，铲除表面土，垫上新土，猪粪应堆积发酵。病初可试用抗猪瘟血清给猪注射，其剂量为每千克体重2～3毫升，每天1次，直至体温恢复正常。

220. 怎样防控猪蓝耳病？

猪蓝耳病又称猪繁殖与呼吸综合征，各种年龄的猪都可发生。仔猪发病率可达100%，死亡率可达50%以上；母猪流产率可达30%以上，继发感染严重时成年猪也可死亡。

母猪典型的症状见图7-76，大部分病猪出现全身不等的症状（图7-77）。病程较长的猪体温大都正常，常表现为食欲不振，消瘦，被毛粗乱，有的关节肿胀，表现为跛行。少数母猪表现为产后无乳、胎衣停滞及阴道分泌物增多。

妊娠后期，母猪发生流产、早产、产死胎、产木乃伊胎、弱胎。母猪流产率可达50%～70%，死产率可达35%以上，产木乃伊胎率可达25%。

图7-76　蓝耳病母猪早产的死胎

大部分病猪耳朵、腹部皮肤及肢体末端等处皮肤呈紫红色斑块状或丘疹样，指压后颜色不消退；眼结膜发炎，眼睑水肿，咳嗽，气喘，从鼻孔流出泡沫或浓鼻涕等分泌物，有的病猪可能死亡。

图7-77　患蓝耳病猪的全身症状

剖解主要病理变化在肺部（图7-78），有的心肌出血、坏死；脾脏边缘或表面出现梗死灶；淋巴结出血；肾脏呈土黄色，表面可见针尖至小米粒大出血斑点；部分病例可见胃肠道出血、溃疡、坏死等。

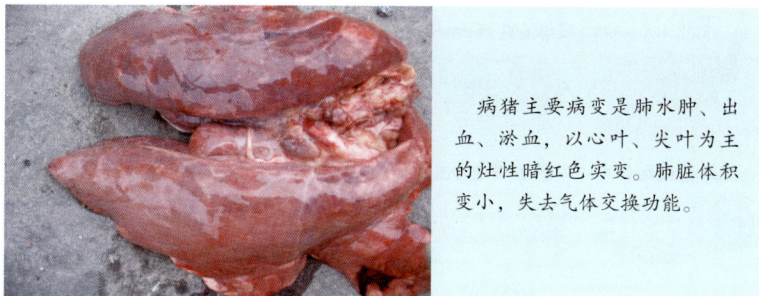

病猪主要病变是肺水肿、出血、淤血，以心叶、尖叶为主的灶性暗红色实变。肺脏体积变小，失去气体交换功能。

图7-78　猪肺脏发生实变

【防控措施】

（1）坚持自繁自养的原则，防止购入隐性感染猪。清理持续感染的猪群，对猪舍进行清扫、消毒，闲置数日后再开始使用。

（2）限制交叉寄养，避免交叉感染。

（3）加强猪群的饲养管理工作，尽量减少各种应激因素。夏季应做好防暑降温工作，采用加大猪舍通风量和用凉水喷雾等降温措施。

（4）从分娩、保育，到生长育成均严格采取"全进全出"的饲养方式，在每批猪出栏后须经严格冲洗消毒，空置几天后再转入新的猪群。

（5）猪舍及环境均需定期选择新型、广谱的消毒剂消毒，减少病原微生物的存在，建议高温季节1周消毒2次。

（6）已有用蓝耳病灭活疫苗和弱毒疫苗的报告。同时，还要积极做好猪瘟、猪圆环病毒病、猪口蹄疫、猪气喘病、猪伪狂犬病等的免疫接种工作。

（7）在炎热高温的夏季或严寒的冬季或猪群转栏、注射疫苗时，应在饲料或饮水中添加抗应激药物和免疫增强剂。

（8）该病现在无特效药疗药物，重在预防和控制混合感染。一般应在疾病未发生之前在饲料中添加中药和抗生素进行预防，按板青连黄散3 000克＋利通3 000克＋氨基维多补1 000克/吨，每个月用7～14天。

221. 怎样防控非洲猪瘟？

非洲猪瘟，是由非洲猪瘟病毒感染引起的猪的一种急性、热性、高度传染性疾病。其临床特征是持续高热，发病过程短，死亡率较高（图7-79）。

主要病理变化为胃、肝门、肾脏、肠系膜等处淋巴结出血严重，状似血瘤。胸腹腔、心包、胸膜、腹膜上有许多澄清、黄色或带血色的液体。内脏或肠系膜上有斑点状或弥散状出血变化。喉头、会厌、胆囊、膀胱、肾脏常有出血斑点，尤其是脾脏变化更为明显（图7-80）。

非洲猪瘟的表现症状与常见猪瘟相似，如果免疫过猪瘟疫苗的猪出现无症状突然死亡异常增多，或大量生猪出现步态僵直、呼吸困难、腹泻或便秘、粪便带血、关节肿胀，以及局部皮肤溃疡、坏死等症状，可怀疑为非洲猪瘟。

图7-79　非洲猪瘟的主要症状

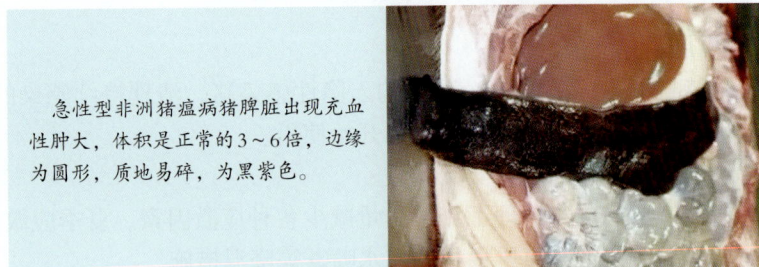

急性型非洲猪瘟病猪脾脏出现充血性肿大，体积是正常的3～6倍，边缘为圆形，质地易碎，为黑紫色。

图7-80　急性型非洲猪瘟病猪的脾脏变化

【防控措施】

防控非洲猪瘟，目前尚无有效的治疗药物和疫苗预防，重点是平时做好猪群饲养管理，做到"五要四不要"。

"五要"：一要减少场外人员和车辆进入猪场；二要对入场前的人员和车辆进行彻底消毒；三要对猪群实施全进全的出饲养管理；四要对新引进的猪实施隔离饲养；五要按规定申报检疫。

"四不要"：不要用餐馆、食堂的泔水或餐余垃圾喂猪；不要散放饲养，避免家猪与野猪接触；不要从疫区调运猪；不要对出现的可疑病例隐瞒不报。

一旦发现疑似非洲猪瘟症状时，应立即隔离猪群，限制猪群移动，并上报有关单位；同时做好严格的消毒工作，并按要求采集抗凝血、扁桃体、肾脏、淋巴结等样品送检，配合有关部门做好监管和病死猪的处理工作（图7-81）。

目前最有效的消毒产品是10%的苯及苯酚、次氯酸、强碱类及戊二醛。强碱类（氢氧化钠、氢氧化钾等）、氯化物和酚化合物适用于建筑物、木质结构、水泥表面、车辆和相关设施设备消毒。酒精和碘化物适用于人员消毒。

一旦确诊为非洲猪瘟，就要对疫场（或疫区）严格实施封锁、隔离、消毒，并配合兽医防疫部门做好移动监管，对疫点内的猪全部扑杀，并对病死猪和扑杀猪进行无害化处理。

图7-81　疫场严格实施封锁、隔离、消毒

222. 怎样防治猪口蹄疫？

猪口蹄疫是猪的一种烈性传染病，传播速度快、发病率高，潜伏期为1～2天。发病猪一般体温不高或稍高（40～41℃），主要症状是跛行，蹄部出现水疱和糜烂（图7-82）。疗程稍长者也可见到口腔及面上有水疱和糜烂。哺乳母猪奶头常见水疱、烂斑（图7-83）。

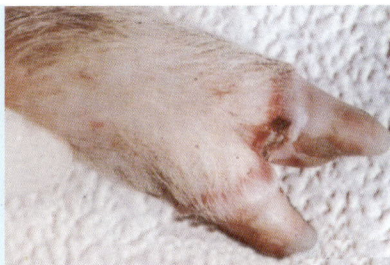

患病初期猪的蹄冠、趾间出现米粒大、蚕豆大且充满灰白色或灰黄色液体的水疱，破裂后表面出血，形成暗红色糜烂。如无细菌感染，则病猪1周左右痊愈。如有继发感染，严重者侵害蹄叶，导致蹄壳脱落，患肢不能着地，常卧地不起。

图7-82　猪患口蹄疫时的蹄部变化

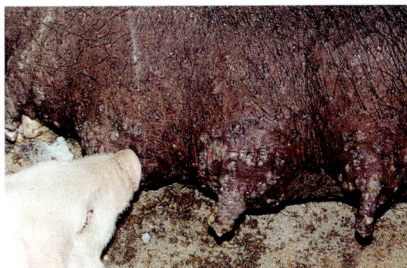

哺乳母猪患口蹄疫时，被感染的吃奶仔猪，通常因急性胃肠炎和心肌炎而突然死亡，死亡率可达60%～80%。

图7-83　哺乳母猪患口蹄疫时乳房出现水疱、烂斑

病猪除口腔、蹄部有水疱和烂斑外，有时在咽喉、气管、支气管和胃黏膜可出现圆形烂斑和溃疡，上有黑棕色痂块。心肌病变具有重要的诊断意义（图7-84）。

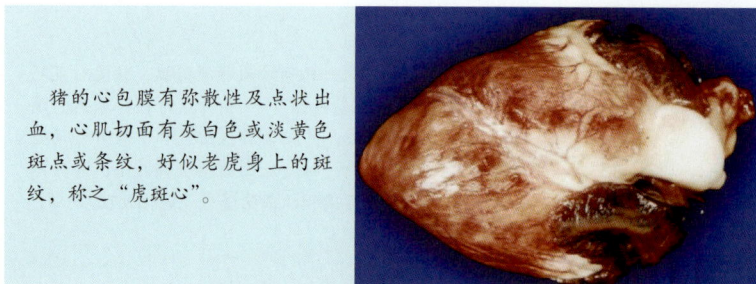

猪的心包膜有弥散性及点状出血，心肌切面有灰白色或淡黄色斑点或条纹，好似老虎身上的斑纹，称之"虎斑心"。

图7-84 口蹄疫病猪的"虎斑心"

【防治措施】

（1）当猪场有疑似口蹄疫发生时，除及时进行诊断外，应向上级有关部门报告疫情。同时在疫场（或疫区）严格实施封锁、隔离、消毒、治疗等综合性措施。在最后一头病猪痊愈后15天，经过全面大消毒后方可解除"封锁"。

（2）对猪场的健康猪，实施紧急接种疫苗（图7-85）。

对猪场的健康猪（尚未出现症状），应立即于颈部皮下注射口蹄疫灭活疫苗（不能用弱毒疫苗），每头猪5毫升。注射后14天可产生免疫力，免疫期为2个月。

图7-85 给健康猪紧急接种疫苗

（3）病猪的蹄部可用3%克辽林或煤酚皂溶液洗涤，擦干后涂搽鱼石脂软膏，再用绷带包扎。乳房可先用2%～3%硼酸水清洗，然后涂上青霉素或金霉素软膏等，定期将奶挤出以防发生乳腺炎。

（4）口腔可用清水、食醋或0.1%高锰酸钾溶液洗漱，糜烂面可涂以1%～2%明矾或碘甘油（碘7克、碘化钾5克、酒精100毫升，溶解后加入甘油10毫升），也可用冰硼散（冰片15克、硼砂150克、芒硝18克，共为末）。

（5）仔猪发生恶性口蹄疫时，应静脉或腹腔注射5%葡萄糖盐水10～20毫升，加维生素C 50毫克，皮下注射安钠咖0.3克。有条件的地方可用病愈牛的全血（或血清）治疗。用结晶樟脑口服，每天2次，每次5～8克，可收到良好的效果。

223. 怎样防治猪传染性胃肠炎？

猪传染性胃肠炎是由滤过性病毒引起的猪的高度接触性传染病，病猪主要特征是消化功能紊乱（图7-86）。死亡率较高，幼龄猪的死亡率可达100%。该病的潜伏期一般为12～18小时。

仔猪发生传染性胃肠炎时，往往全群发生剧烈的水样腹泻，体温一般不高，采食量略有减少，有时伴有呕吐症状，最后常因脱水而导致死亡。

图7-86 患病仔猪出现黄色水样腹泻

剖检尸体失水，结膜苍白、发绀，有胃肠卡他性炎症，黏膜下有出血斑，胃内充满白色凝乳块，胃底部黏膜轻度充血，肠内充满白色或黄绿色半液状或液状物。

仔猪黄痢、红痢对仔猪的致死率很高，应与本病相区别（图7-87）。

因仔猪黄痢不感染大猪，且乳酶生等药物对其治疗有效，故能与本病相鉴别。仔猪红痢是散发性的，只有少数仔猪发生，其他大猪也不出现腹泻，其特征是粪便带血和有出血性肠炎。

图7-87 仔猪红痢

【防治措施】

（1）本病目前尚无特效治疗药物，只能对症治疗，可使用广谱抗生素以防止继发感染和合并感染。首选药物为硫酸卡那霉素，体重为15千克左右的病猪，每次每头肌内注射50万～100万单位。

为抑制肠蠕动，制止腹泻，可用病毒灵和阿托品。体重为15千克左右的病猪，每次每头肌内注射病毒灵10毫升和阿托品10～20毫克。

对于病情较重的猪，可用安维糖溶液50～200毫升，或10%葡萄糖溶液50～150毫升、维生素C 10～20毫升、安钠咖10毫升，混合后一次静脉注射或腹腔注射。

（2）预防主要是做好饲养管理工作，特别是在寒冷季节要注意防寒保暖，防止饲养密度过大。妊娠母猪在产前45天和15天左右，可于肌内与鼻内各接种弱毒疫苗1毫升。

224. 怎样防治猪流行性腹泻？

猪流行性腹泻是由猪流行性腹泻病毒引起的以胃肠病变为主的猪的一种传染病。母猪的发病率为15%～90%，哺乳仔猪、架子猪或育肥猪的发病率可达100%。此病的潜伏期，新生仔猪为24～36小时，育肥猪为2天。

该病的临床表现与猪传染性胃肠炎的十分相似，大小猪均可发病，年龄越小病情越重（图7-88）。

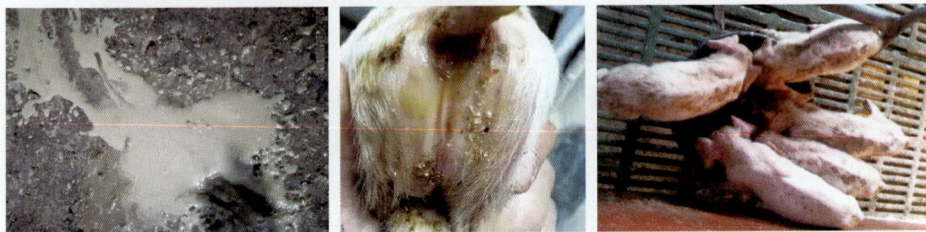

粪便稀薄，呈水样，淡黄绿色或灰色，病猪体温稍高或正常，精神、食欲变差。哺乳仔猪呕吐，有水样腹泻，肛门周围皮肤发红，1周龄内的仔猪常在出现水样腹泻后3～4天因严重脱水而死亡；断奶后仔猪与育肥猪的病程约持续1周；成年猪一般症状不明显，有时仅表现呕吐和厌食症状。

图7-88　病猪排水样灰色稀便

该病的主要病理变化是小肠绒毛萎缩，肠壁变薄，呈半透明状，肠内容物呈水样。

【防治措施】

（1）目前可利用细胞弱毒疫苗来预防，母猪在分娩前5周和2周口服疫苗后母源抗体可保护出生的仔猪4～5周龄内不发病。

（2）对病猪用抗生素类药物治疗无效，但加强饲养管理，保持猪舍温暖、清洁、干燥，供足饮水可减轻病情和降低死亡率。

225. 怎样防治猪圆环病毒病？

猪圆环病毒病是指由猪圆环病毒Ⅱ型所引起的一种猪的传染病。临床表现症状多种多样，如断奶仔猪多系统衰弱综合征、皮炎肾病综合征、猪呼吸系统复合体病、肠炎、母猪繁殖障碍、新生仔猪的先天性震颤等，在临床上常见的有以下3种。

(1) 断奶仔猪多系统衰弱综合征（图7-89）

主要发生在5～12周龄的仔猪，尤其是断奶仔猪发病严重。患猪以渐进性消瘦、生长迟缓、厌食、精神沉郁、行动迟缓、腹泻、皮肤苍白、被毛蓬乱、呼吸困难、咳嗽为特征，有的最后因衰竭死亡。

图7-89 断奶仔猪多系统衰弱综合征症状

(2) 皮炎肾病综合征（图7-90）

主要危害生长猪和育肥猪，主要侵害皮肤和肾脏，造成皮肤损伤，临床上可见皮肤呈现红色、紫色圆形或不规则隆起，中央有黑色病灶，从会阴部、四肢扩散至胸肋、耳等部位。严重时还会引起体温升高、贫血、腹泻及黄疸等症状，甚至导致死亡。

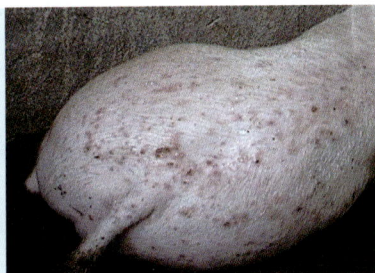

图7-90 猪皮炎肾病综合征症状

(3) 母猪繁殖障碍（图7-91）

发病对象以初产母猪为多，主要表现为流产、产死胎、产弱仔、滞产、发情期延长、不孕等。个别严重的初产母猪产死胎、流产发病率高达60%左右。

图7-91 发病母猪流产

该病的肉眼病变主要为淋巴结明显肿大（图7-92）；肺炎、肺脏肿胀变坚硬，呈橡皮样或呈弥漫性间质性肺炎；肝脏、脾脏萎缩；肾脏苍白、肿大，被膜下有坏死灶；结肠水肿，黏膜充血；胃溃疡；有不同程度的肌肉萎缩。

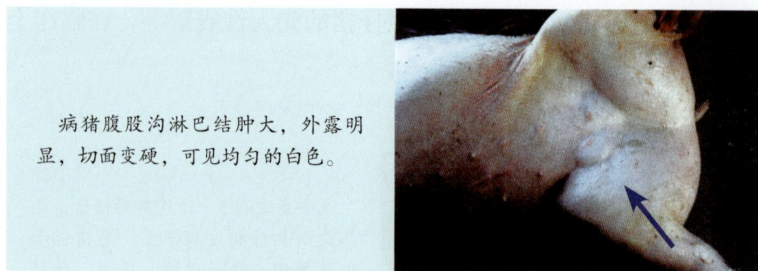

病猪腹股沟淋巴结肿大，外露明显，切面变硬，可见均匀的白色。

图7-92 病猪腹股沟淋巴结肿大

【防治措施】

（1）接种猪圆环病毒疫苗，建议使用基因工程灭活疫苗。

（2）完善猪场饲养管理，在条件许可的情况下，尽可能采用分段同步生产、两点式或三点式饲养方式。

（3）加强饲养管理，禁止饲喂发霉变质的饲料，做好猪舍通风换气，保持猪舍干燥，降低猪群的饲养密度。日常饲养时，可在饮水中添加黄芪多糖和电解多维；在饲料中添加含多西环素、氟苯尼考、泰乐菌素和增效剂的预混料，以增强猪体的抵抗力，防止继发感染。

（4）采取有效的消毒措施，减少病毒感染概率。

（5）制定并严格执行合理的免疫程序，适时进行猪圆环病毒病、猪瘟、猪蓝耳病、猪口蹄疫等疫病的免疫接种。定期监测猪群抗体水平，及时处理阳性猪。

（6）引种时检疫隔离，对于人工授精的猪场，选择无圆环病毒Ⅱ型污染的精液。

（7）隔离病猪，及时对症治疗，严重者淘汰。

226. 怎样防控猪细小病毒病？

猪细小病毒病，又称猪繁殖障碍病，是由猪细小病毒引起的猪的一种繁殖障碍病，以妊娠母猪发生流产、产死胎、产木乃伊胎（图7-93）为特征。

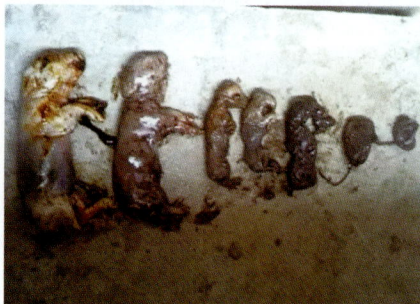

本病的主要症状是妊娠母猪流产，但感染病毒的时期不同而表现症状会有所不同。妊娠30天以内感染的，胎儿死亡后被吸收，致使母猪不孕和无规律地反复发情；妊娠30～50天感染的，仔猪呈现木乃伊胎；妊娠50～60天感染的造成死胎；妊娠70天感染的造成流产；妊娠70天后感染的，所产仔猪可存活，且外观正常，但可长期带毒排毒。

图7-93 木乃伊胎

多数初产母猪受感染后可获得坚强的免疫力，甚至可持续终生，但可长期带毒排毒。被感染公猪的精细胞、精索、附睾、副性腺中都可带毒，在交配时很容易传给易感母猪。

【防控措施】

（1）本病无特效的治疗药物，也没有治疗意义，重在预防。一是实行自繁自养，防止带毒母猪进入猪场。二是待初产母猪获得自动免疫后再繁育配种。

（2）进行人工免疫接种时，该病预防普遍使用的是灭活疫苗。初产母猪和育成公猪，在配种前1个月免疫注射，免疫期可达7个月。1年免疫2次，可以预防本病。

（3）发生疫情时，首先应隔离疑似发病猪，尽快做出确诊，划定疫区，进行封锁，制定扑灭措施，同时做好全场特别是污染猪舍的彻底消毒和清洗工作。病死猪的尸体、粪便及其他废弃物应作深埋或高温消毒无害化处理。对病情轻的患猪可以采取对症治疗，防止继发感染。

227. 怎样防控猪伪狂犬病？

猪伪狂犬病是由猪伪狂犬病毒引起的猪的急性传染病，主要引起妊娠母猪流产、产死胎，公猪不育，新生仔猪的大量死亡等。

新生仔猪感染伪狂犬病毒后，一般第1天表现正常，第2天开始发病，3～5天内是死亡高峰期，有的整窝死亡。同时，还表现出明显的神经症状，有的呕吐、腹泻，一旦发病，1～2天内便可死亡（图7-94、视频9）。

视频9

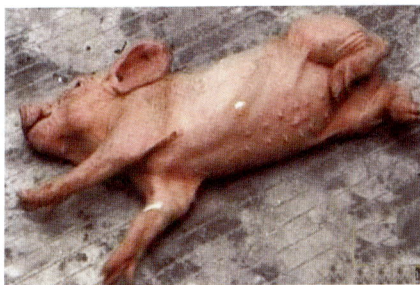

仔猪常突然发病，体温上升达41℃以上。精神极度委顿，发抖，运动不协调，痉挛，呕吐，腹泻。有的躺在地上，四肢呈划水样动作。断奶仔猪感染的，发病率为20%～40%，死亡率为10%～20%，主要表现为神经症状、腹泻、呕吐等。

图7-94 患病仔猪四肢做划水样动作

成年猪一般为隐性感染，若有症状也很轻微，易于恢复。主要表现为发热、精神沉郁，有些病猪呕吐、咳嗽，一般于4～8天内完全恢复。妊娠母猪感染后有的可发生流产、产木乃伊胎或产死胎（图7-95）。种公猪感染后有的表现不育症，有的表现出睾丸肿胀、萎缩，丧失种用能力等。

妊娠母猪感染后可发生流产、产木乃伊胎或产死胎，其中以死胎为主。无论是头胎母猪还是经产母猪都发病，且没有严格的季节性，但以寒冷季节及冬末春初多发。

图7-95　感染的妊娠母猪产死胎

病理剖检一般无特征性变化。如有神经症状，则脑膜明显充血、出血和水肿，脑脊髓液增多。

【防控措施】

（1）本病目前无特效药物治疗，主要是依靠注射疫苗来预防（图7-96）。

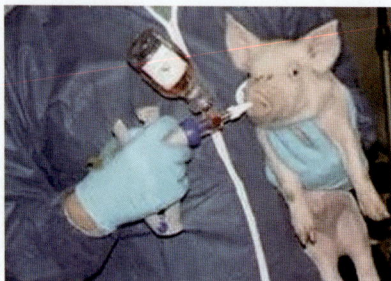

仔猪出生时一般用基因缺失疫苗滴鼻，断奶后再接种1次。对3月龄以上的仔猪可注射1毫升弱毒疫苗，同时注射油苗。免疫母猪所生仔猪宜在2周左右首免，以避开母源抗体的干扰。一般非疫区不主张免疫。成年猪和妊娠母猪在产前半个月注射2毫升弱毒疫苗，同时注射油苗。

图7-96　仔猪初生时用伪狂犬病疫苗滴鼻

（2）坚持自繁自养，引进种猪时严禁引入疫区猪，引进后需经隔离检疫合格方可入群。

（3）当暴发本病时，使用有保护作用的免疫血清可有效减轻疫情，降低死亡率，尤其是对仔猪有明显效果（图7-97）。发病猪舍用2%～3%氢氧化钠溶液或20%石灰乳消毒，感染病猪隔离饲养，并做好灭鼠工作，以切断感染源。

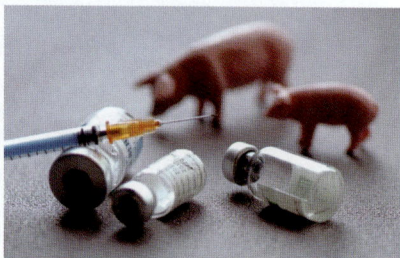

图7-97　注射具有保护作用的免疫血清

【提示】免疫血清亦称抗血清，是含有抗体的血清制剂，种类很多，包括抗毒素、抗菌血清、抗病毒血清、抗Rh血等。

228. 怎样防治猪流行性乙型脑炎？

　　猪流行性乙型脑炎是猪流行性乙型脑炎病毒所致的一种人兽共患传染病，一般在夏季至初秋发病较高（与蚊虫等的活动有关）。发病较突然，体温升高至41℃左右，呈稽留热，喜卧，食欲下降，饮水增加，尿色深重，粪便干结并混有黏膜。本病主要侵害母猪（图7-98）和种公猪（图7-99）。

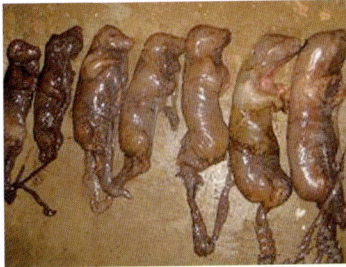

妊娠母猪感染后常发生流产，产死胎或产木乃伊胎。

图7-98　妊娠母猪感染后常发生流产

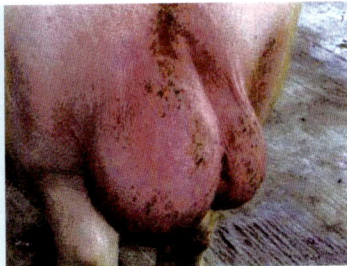

种公猪发生流行性乙型脑炎时，多出现一侧性睾丸炎。睾丸肿胀、发热，严重时缩小变硬，常与因阴囊发生粘连，失去种用性能。

图7-99　患病种公猪出现一侧性睾丸炎

　　剖检脑部有明显的病理变化（图7-100）。母猪子宫内膜有出血点，淋巴结周边出血。肝脏肿大，肺脏充血、水肿或有灰红色的肺炎灶。公猪睾丸肿大，切开阴囊时可见黄褐色浆液增多，睾丸切面有斑状出血和坏死灶。

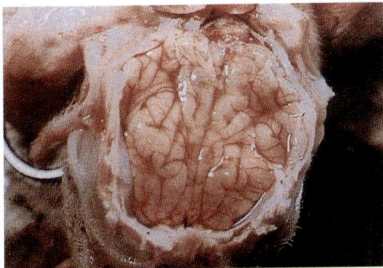

主要表现脑、脑膜和脊髓膜充血，脑室和髓腔积液增多。

图7-100　种公猪脑膜炎

【防治措施】

（1）本病主要是由蚊虫传播，猪圈经常喷洒0.5%敌敌畏溶液或其他灭蚊剂。掌握好配种季节，避免在天热蚊虫多时产仔。

（2）对病猪要隔离治疗。猪圈及用具、被污染的场地要彻底消毒。死胎、胎盘和阴道分泌物都必须妥善处理。

（3）目前尚无有效治疗方法。为防止并发症，对呼吸迫促的病猪，可采用抗生素或磺胺类药物综合治疗。

（4）对4月龄以上至2岁的后备公、母猪于流行期前1个月进行乙型脑炎弱毒疫苗免疫注射。

229. 怎样防治猪流行性感冒？

猪流行性感冒是由猪A型流感病毒引起的急性、高度接触性传染病。该病发病突然，传播迅速，多发生于气候骤变的晚秋、早春及寒冷的冬季，常会全群同时发生，症状有眼、鼻流出黏性分泌物（图7-101）。个别病例转为慢性，出现持续咳嗽、消化不良等，病程能拖延至1个月以上。

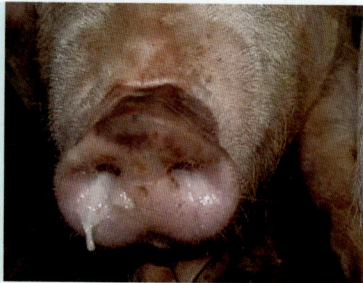

病猪体温升高至42℃，精神极度萎靡，食欲废绝，不愿走动，喜卧。眼和鼻流出黏性分泌物。伴有阵发性咳嗽，呼吸急促，呈腹式呼吸，多数病猪经1周左右才能自然康复。

图7-101　病猪鼻流黏性分泌物

剖检病猪可见鼻、喉、气管和支气管黏膜充血，附有大量泡沫，有时混有血液；肺脏有深红色的病灶；颈部及肺部纵隔淋巴结水肿；胃肠内浆液增多，充血。

【防治措施】

目前尚无特效药物治疗和有效疫苗预防，一般用对症治疗方法。

（1）可肌内注射30%安乃近10～20毫升，或复方氨基比林10～20毫升，或内服阿司匹林3～5片，或强力维C银翘片20～50片，病重时可肌内注射青霉素40万～160万单位。

（2）用中药金银花10克、连翘10克、黄芪6克、柴胡10克、牛蒡子10克、陈皮10克、甘草10克，煎水内服。

（3）加强饲养管理，将病猪置于温暖、干净、无风处，并喂给易消化的饲料，注意多喂青绿饲料，以补充维生素。

230. 怎样防治猪痘?

猪痘是由猪痘病毒引起的一种急性、热性传染病，病猪皮肤某些部位的黏膜出现痘疹。当遇寒冷阴雨天气、猪圈潮湿污秽和猪营养不良时流行严重，主要侵害4～6周龄的哺乳仔猪，接触性传染，该病的潜伏期为4～7天。

发病时病猪体温上升至41℃以上，不吃食；结膜发炎，眼睑被分泌物粘住；流鼻涕或鼻孔被堵塞；全身被毛稀少的部位出现水疱（图7-102）。另外，在口腔、咽喉、气管、支气管内均可发生痘疹，若管理不当常继发肺炎、胃肠炎、败血病等，继而死亡。

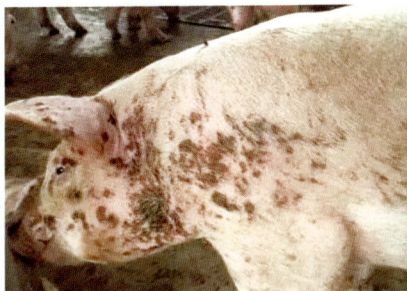

初期病猪常在鼻盘、眼睑、股内侧、下腹等处出现多数红斑、丘疹，以后蔓延至颈部和背部，2～3天后丘疹变成水疱，里面储有清亮的渗出液，继之变为脓液。病变部位发痒，猪经常摩擦，痘疤破裂后结痂，局部皮肤增厚，起皮革状皱纹。

图7-102　猪痘症状

【防治措施】

（1）加强饲养管理，做好灭虱、灭蝇等工作。严防自疫区引进种猪，一旦发病应立即隔离和治疗。病猪皮肤上的结痂块等污物，要集中堆积发酵处理，被污染的场所要严格消毒。

（2）本病发生时目前尚无疫苗预防，康复猪可获得坚强的免疫力。

（3）目前无有效药物治疗，为了防止继发感染，可用抗生素和磺胺类药物。局部病变可用10%高锰酸钾溶液洗涤，擦干后涂抹紫药水、碘甘油等。

231. 怎样防治猪附红细胞体病?

猪附红细胞体病，是由血液寄生虫附红细胞体引起的猪的临床上以贫血、黄疸和发热为主要特征的一种热性、溶血性传染病，多发于6—10月吸血昆虫多的季节，各种年龄、性别和品种的猪均易感。

急性发病初期，病猪精神沉郁，食欲减退，饮欲增加，体温达40～42℃，高热稽留，全身症状明显（图7-103）。

急性病猪往往在其耳朵、颈下、胸前、腹下、四肢内侧等部位皮肤出现红紫色，指压后颜色不消退，并且毛孔出现淡黄色汗迹。有的两后肢麻痹，不能站立；有的流涎，呼吸困难，咳嗽；有的眼结膜发炎。病程3～7d，或死亡或转向慢性。

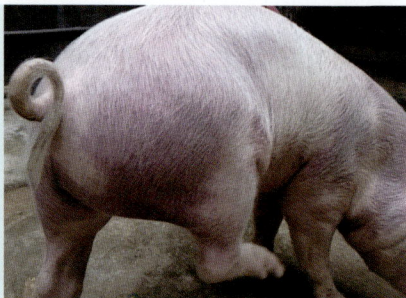

图7-103　急性附红细胞体病患猪

慢性病猪会出现败血症变化（图7-104）。

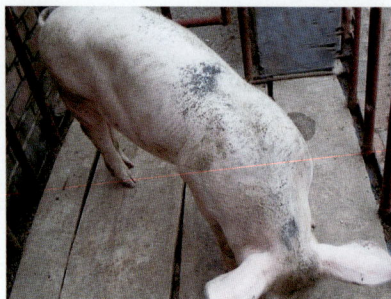

慢性病猪皮肤苍白，被毛粗乱无光泽，皮肤燥裂，层层脱落，但不痒，腹部有喘沟，呈败血症变化。

图7-104　慢性附红细胞体病患猪

剖检病猪时主要病理变化是黄疸和贫血，全身皮肤黏膜、脂肪和脏器显著黄染，常呈泛发性黄疸。全身肌肉色泽变淡，血液稀薄呈水样，凝固不良。全身淋巴结肿大、潮红、黄染，切面外翻，有液体渗出。心外膜和心冠脂肪出血，黄染，有少量针尖大小的出血点，心肌苍白松软。肝脏病变明显（图7-105）。脾脏肿大，质软而脆。肾脏肿大、苍白或呈土黄色，包膜下有出血斑。膀胱黏膜有少量出血点。

急性病例肝脏肿大、质脆，细胞发生脂肪变性，呈土黄色或黄棕色。

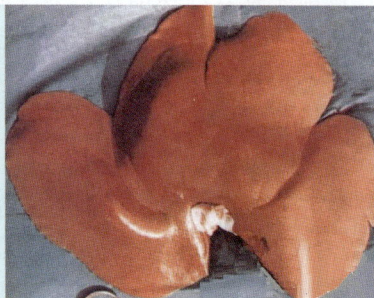

图7-105　患猪肝脏病变

【防治措施】

目前尚无疫苗免疫，也无特效的治疗药物，只有采用综合性的防治措施。

（1）在本病的高发季节，应扑灭蜱、虱子、蚤等吸血昆虫，断绝其与猪接触。

（2）定期在饲料中添加预防剂量的四环素、多西环素、金霉素、土霉素和磺胺类药物，对本病有很好的预防效果。

（3）早发现早治疗，可收到很好的效果。用血虫净（贝尼尔）、四环素、卡那霉素、多西环素、黄色素和对氨基苯胂酸钠等药物治疗，有一定的效果。

232. 怎样防治猪钩端螺旋体病？

猪钩端螺旋体病是由钩端螺旋体类微生物引起的猪的一种病害。该病多数呈隐性感染，不表现临床症状，少数急性病例出现发热、血红蛋白尿、贫血、水肿、流产、黄疸、出血性素质、皮肤和黏膜坏死等特征（图7-106），内脏黄染症状见图7-107。

图7-106 仔猪钩端螺旋体病症状

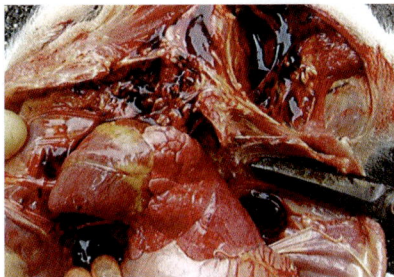

图7-107 内脏黄染症状

【防治措施】

（1）发现本病，立即隔离病猪，消毒被污染的水源、场地、用具，清除污水和积粪。消灭场内的鼠。及时用钩端螺旋体病多价菌苗进行紧急预防接种，体重15千克以下的猪皮下注射或肌内注射3毫升，体重15～40千克的5毫升，体重40千克以上的8～10毫升。

（2）在猪群中发现感染时应全群治疗。每千克饲料加入土霉素0.75～1.5克，连喂7天，可解除带菌状态和消除一些轻型症状。

（3）对表现症状的病猪，可用链霉素，每千克体重15～25毫克，肌内注射，每天2次，连用3～5天。庆大霉素，每千克体重15～30毫克，口服或肌内注射，每天1次，连用3～5天。同时用葡萄糖维生素C静脉注射，并配合应用强心利尿剂，对提高治愈率有重要作用。

233. 怎样防治猪气喘病？

猪气喘病，是由猪肺炎支原体引起的猪的一种接触性、慢性呼吸道传染病，主要通过飞沫传染。大、小猪都会得病，不过断奶前后的小猪和生产前后的母猪感染率比较高。本病发生时，死亡率虽然不高，但容易反复，进而出现并发症。

病初猪表现为干咳、气喘，尤其是在采食过程中表现明显；发病中后期症状加重（图7-108），此病一般对猪的采食和体温影响不大。不过对猪的生长会造成影响，有时还会继发混合感染。

剖检可见肺脏显著增大，两侧肺叶前缘部分发生对称性实变。实变区呈紫红色或深红色，压之有坚硬感觉；非实变区出现水肿、气肿和淤血，或者无显著变化。

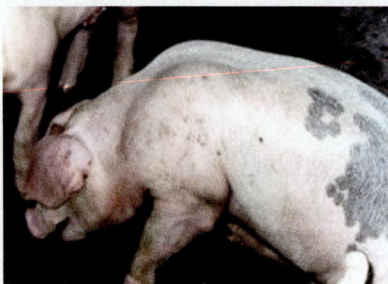

患猪中后期气喘加重，常发出哮鸣声，甚至张口喘气，呈腹式呼吸、犬坐姿势；同时精神不振，猪体消瘦，不愿走动。饲养条件好时可以康复，但仔猪发病后死亡率较高。

图7-108　病猪成犬坐姿势呼吸

【防治措施】

（1）加强饲养管理，实行科学喂养。提倡自繁自养，不从疫区引入猪。新购进的猪要加强检疫，进行隔离观察，确认无病后方可混群饲养。疫苗预防可用猪气喘病弱毒疫苗，免疫期在8个月以上，保护率为70%～80%。

（2）对发病猪进行严格的隔离治疗，被污染的猪舍、用具等可用2%氢氧化钠溶液或20%草木灰水喷雾消毒。

（3）治疗病猪可选用硫酸卡那霉素，每千克体重3万～4万单位，肌内注射，每天1次，连续5天。如果与土霉素交互注射，则可提高疗效，但要防止出现抗药性。盐酸土霉素，每天每千克体重30～40毫克，用灭菌蒸馏水或0.25%普鲁卡因溶液或4%硼酸溶液稀释后肌内注射，每天1次，连续5～7天。猪喘平药物，每千克体重2万～4万单位，肌内注射，每天1次，连用5天。治喘灵药物，每千克体重0.4～0.5毫升，颈部肌肉深部注射，5天1次，连用3次。

234. 怎样防控猪痢疾？

猪痢疾又叫猪血痢，是由猪痢疾短螺旋体引起的猪的一种严重的肠道传染病，各种年龄的猪均可感染发病，但以2～4月龄的仔猪受害最为严重。

主要临床症状为严重的黏液性出血性下痢，急性型以出血性腹泻为主，亚急性型和慢性型以黏液性腹泻为主（图7-109）。

急性型病猪1～2天开始排黏液状粪便，并带有血块和黏膜坏死块，严重时粪便呈红色水样。有的病猪不断排出少量暗红色的黏液和血液，通常污染肛门、臀部。病猪有腹痛表现，常见弓背踢腹。腹泻过久会出现脱水，造成口渴，最后消瘦、衰竭而死。

图7-109　病猪排红色稀便

剖检病理特征为大肠黏膜发生卡他性、出血性及坏死性炎症（图7-110）。

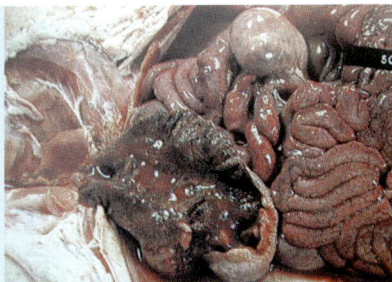

剖检可见结肠、盲肠和直肠等黏膜充血、出血，呈渗出性卡他性变化。急性期肠壁呈水肿性肥厚，大肠松弛，肠系膜淋巴结肿胀，肠内容物为水样，恶臭并含有黏液。肠黏膜常附有灰白色纤维素样物质，特别是在盲肠端出现充血、出血，水肿和卡他性炎症更为显著。

图7-110　病猪肠管渗出性卡他性变化

【防治措施】

（1）对病猪可在隔离的条件下进行治疗。对本病有效的药物种类有很多，可选择使用。

①庆大霉素。按每千克体重2 000单位肌内注射，每天2次，5天为一个疗程。

②痢菌净。按每千克体重2.5～5毫克内服，每天2次，连续3～5天为一个疗程；或用痢菌净0.5%水溶液，按每千克体重0.5毫升肌内注射。

③土霉素和新霉素。按每千克饲料加入50～100毫克混合后喂猪，连喂3～4天。

④林肯霉素和壮观霉素。按每千克饲料加入100～120毫克，混合后连喂3～4天。

⑤甲硝咪乙酰胺、甲硝异丙咪和二甲硝基咪唑。按每千克饮水加60毫克，供猪饮用；或按每千克饲料加入120毫克，混合后连喂3～4天。

（2）不从发病地区购买种猪与仔猪，猪场坚持实行自繁自养。引进的猪最少要隔离观察1个月，确认无病后方可并群。病猪舍、用具等要彻底消毒。怀疑有此病发生时，可用上述治疗药物剂量的1/2进行预防。

235. 怎样防治猪副嗜血杆菌病？

猪副嗜血杆菌病，是由猪副嗜血杆菌引起，临床上以体温升高、关节肿胀、呼吸困难、多发性浆膜炎、关节炎和高死亡率为特征的传染病，严重危害仔猪和青年猪的健康。该病通过呼吸系统传播，饲养环境不良时本病多发。断奶、转群、混群或运输也是该病发生的诱因。

临床症状取决于炎症部位，包括发热、呼吸困难、关节肿胀、跛行、皮肤及黏膜发绀、站立困难甚至瘫痪、僵猪或死亡。母猪发病时可流产，公猪发病时有跛行。哺乳母猪的跛行可能导致母性的极端弱化（图7-111、图7-112）。

急性型病猪有时无明显症状而突然死亡，死亡时体表发紫，腹部膨胀，有的从口、鼻流出紫红色而不易凝固的液体。

图7-111 急性型病猪症状

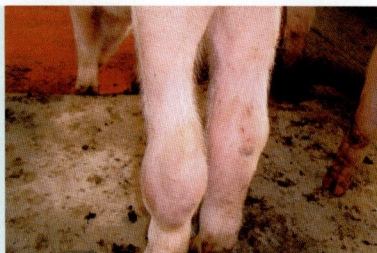

慢性型病猪常出现跛行，后肢跗关节肿大（多为一条后腿发病）。

图7-112 慢性型病猪关节肿胀

死亡时体表发紫，肚大，有大量黄色腹水，肠系膜上有大量纤维素渗出，尤其是肝脏被整个包住，肺的间质水肿，胸膜以浆液性、纤维素性渗出性炎症为特征。腹股沟淋巴结呈大理石状，下颌淋巴结出血严重，脾脏出血边缘有隆起的米粒大小的血泡（图7-113）。

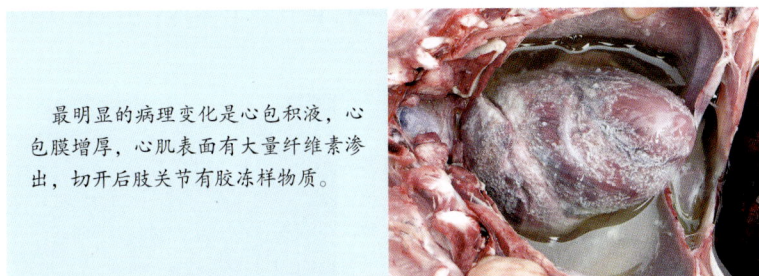

最明显的病理变化是心包积液，心包膜增厚，心肌表面有大量纤维素渗出，切开后肢关节有胶冻样物质。

图7-113 猪副嗜血杆菌病胸腔病理变化

【防治措施】

（1）加强饲养管理，消除诱因，对全群猪用电解多维饮水5～7天，以增强机体的抵抗力，减少应激反应。

（2）猪圈地面和墙壁可用2%氢氧化钠溶液喷洒消毒，2小时后用清水冲净，再用复合碘喷雾消毒，连续4～5天。

（3）隔离病猪，用敏感的抗菌素进行治疗，同时进行全群性药物预防。

（4）做好母猪免疫，初免可于产前40天一免，产前20天二免，经免于产前30天免疫一次即可。受本病严重威胁的猪场，仔猪也要进行免疫。根据猪场发病日龄推断免疫时间，仔猪免疫一般安排在7～30日龄内进行，每次1毫升。一免后15天再免疫一次，二免距发病时间要有10天以上的间隔。

236. 怎样防治猪丹毒？

临床上常见的是急性型与亚急性型，慢性型的少见。最典型的症状是病猪体温升高达41～42℃，喜卧，打寒战，绝食，腹泻，呕吐，继而胸、腹、四肢内侧和耳部皮肤出现"打火印"（图7-114）。

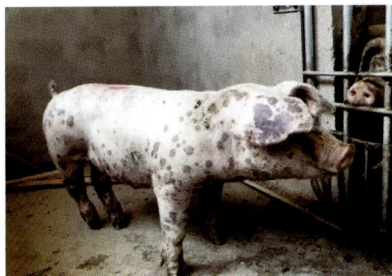

病猪的胸、腹、四肢内侧和耳部皮肤出现大小不等的红斑或黑紫色疹块，指压后颜色可暂时消退，疹块部位稍凸起，发红，界限明显很像烙印，俗称"打火印"。有的病例，疹块中央发生坏死，久而变成皮革样痂皮。

图7-114 急性型猪丹毒症状

急性型以败血症为特征，胃、小肠黏膜肿胀、充血、出血；全身淋巴结肿胀、充血、出血；脾脏、肾脏肿大；心内膜有小的出血点。亚急性型主要病变为皮肤有坏死性疹块，疹块皮下组织充血，也有关节发炎、肿胀。慢性型病例主要是心脏的病理性变化（图7-115）。

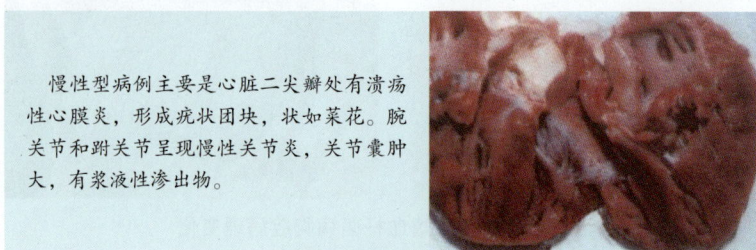

慢性型病例主要是心脏二尖瓣处有溃疡性心膜炎，形成疣状团块，状如菜花。腕关节和跗关节呈现慢性关节炎，关节囊肿大，有浆液性渗出物。

图7-115 慢性型猪丹毒溃疡性心膜炎

【防治措施】

（1）加强饲养管理，做好定期消毒工作，增强机体的抵抗力。定期用猪丹毒弱毒菌苗或猪瘟、猪丹毒、猪肺疫三联冻干疫苗免疫接种。仔猪在60～75日龄时于皮下或肌内注射猪丹毒氢氧化铝甲醛疫苗5毫升，3周后可产生免疫力，免疫期为半年，以后于每年春、秋两季各免疫1次。也可注射猪瘟、猪丹毒、猪肺疫三联疫苗，大小猪一律用1毫升，免疫期9个月。

（2）治疗时，首选药物为青霉素。对败血型病猪最好首先用水剂青霉素，按每千克体重1万～1.5万单位静脉注射，每天2次。如用青霉素治疗无效时，可改用四环素或金霉素，按每千克体重1万～2万单位肌内注射，每天1～2次，连用3天。

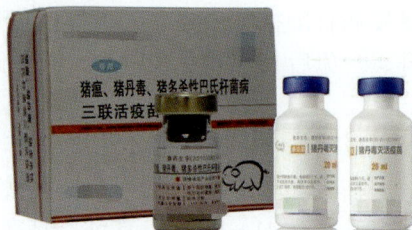

237. 什么是仔猪白痢？

仔猪白痢也称为迟发性大肠杆菌病，是由大肠杆菌引起的以仔猪排灰白色稀粪为特征的急性肠道传染病，以7～20日龄新生仔猪发病较多。本病一年四季均可发生，但常在冬季和夏季气候骤变，以及饲养管理和卫生条件较差时极易多发，发病率和死亡率都较高。

病猪多突然发生腹泻，粪便呈灰白色或灰黄色，有腥臭味，后期排便失禁，日渐瘦弱而死，或成为侏儒猪（图7-116）。

剖检病猪主要呈现卡他性炎症变化。胃内有凝乳块，肠内常有气体，内容物为糨糊状或油膏状，呈乳白色或灰白色，肠黏膜轻度充血潮红，肠壁变薄（呈带半透明状），肠系膜淋巴结水肿。

病猪粪便稀薄，呈浆状、糊状，颜色为乳白色或灰白色或青灰色等，腥臭，黏腻，腹泻次数不等，肛门周围常被粪便污染，有时可见吐奶。病情严重者，粪便呈水样，口渴加剧，眼凹陷，目光呆滞，被毛粗乱，皮肤无弹性，弓背，后肢软弱无力，若治疗不及时可引起死亡。

图7-116 仔猪白痢症状

【防治措施】

（1）加强妊娠母猪和哺乳母猪的饲养管理，注意饲料的科学搭配，防止突然改变饲料，以保证母乳质量。

（2）在冬季产仔季节，要做好猪舍的防寒和保暖工作。母猪分娩前3天，猪圈应彻底清扫、消毒，并换上清洁、干燥的垫草。

（3）仔猪出生后，脐带一定要彻底消毒，尽快让仔猪吃上初乳。吃初乳前每头仔猪口腔内滴服3毫升庆大霉素或灌服3毫升高效微生态制剂。给仔猪提前补饲（7、8日龄为宜），可促进消化器官的早期发育，从而提高抗病力。

（4）治疗药物和方法有很多，可根据实际情况选择。

238. 怎样防治仔猪白痢？

（1）大蒜2头，捣泥，加入白酒10毫克、温水40毫克、甘草末100克，调匀后1天分2次内服，连服2～3天。

（2）白胡椒面0.2克、盐酸土霉素粉0.5克、鞣酸蛋白3克，内服，每天1次，连服3～5次。

（3）白头翁10克、龙胆草5克、黄连2克，研成细末，用米汤调匀灌服，每天1剂，连服2天。

（4）犬骨头300克（烧成炭状，研成粉末）、白糖50克，用温水调匀，每天1次，连服3～4天。

（5）黄连素片，一次内服1～2片（每片0.5克），每天2次，连服2～3天。

（6）陈醋100克，分上、下午两次拌入母猪饲料中，连服2～3天。

（7）白痢散，哺乳母猪每头每天150克拌入料内，分为上、下午两次喂服，连用2天。

（8）石榴皮粉或车前子粉0.25千克，每天喂母猪2～3次，连喂3天。

（9）白头翁6份、龙胆草3份、黄连1份，研成细末，每头仔猪服用10克，每天1次，连服3天。

（10）百草霜60克、大蒜15克，将大蒜捣烂，同百草霜混合，用水调成糊状，每头仔猪每次服6克，每天2次，连服2～3天。

（11）鲜泡桐叶1千克、鲜车前草500克、大蒜20克。前两味药用600毫升水急火煮沸20～30分钟，取汁再将大蒜捣碎混入，供10头仔猪服2次。

（12）土霉素，按每千克体重50～100毫克，每天内服2次，连服3天。

（13）水杨酸钠，每次30克，每天1～2次喂母猪，连喂3天。

（14）复方新诺明、乳酸菌素、食母生各1～2片，混合后一次给病猪口服，每天2次，连喂3天。

（15）链霉素1克、蛋白酶3克，混匀，供5头小猪一次内服，每天2次，连用3天。

（16）多西环素，每千克体重2～5毫克，内服，每天1次。

（17）磺胺脒15克、次硝酸铋15克、胃蛋白酶10克、龙胆末15克，加淀粉和水适量调成糊状，可供15头小猪用，上、下午各1次，抹在仔猪口中。

（18）敌菌净加磺胺二甲基嘧啶，按1:5配合后按每千克体重60毫克，首次量加倍，每天内服2次，连服3天。

（19）硫酸庆大霉素注射液（5毫升含10万单位），按每千克体重0.5毫升肌内注射，配合同剂量内服，每天2次，连用2～3天。

（20）链霉素1克、蛋白酶3克，混匀，供5头仔猪一次内服，每天2次，连用3天。

239. 怎样防治仔猪红痢？

仔猪红痢是由C型产气荚膜梭菌引起的肠毒血症。1～3日龄的仔猪一旦发病，可常年在产仔季节暴发，能使整窝仔猪全部死亡。

急性型病例症状不明显，往往不见腹泻，只是突然不吃奶，常在病后数小时死亡，病程稍长者症状明显（图7-117）。

病猪不吃奶，行走摇晃，开始排黄色或灰绿色稀粪，后变红色糊状，混有坏死组织碎片及多量小气泡，恶臭。病猪一般体温不高，个别仔猪升高达41℃以上。大多数病猪在短期内死亡，极少数能耐过，以后恢复健康。

图7-117 仔猪红痢症状

病猪肛门周围被黑红色粪便污染，腹腔内有大量呈樱桃红色的腹水，典型病变在小肠（多数在空肠）（图7-118）。

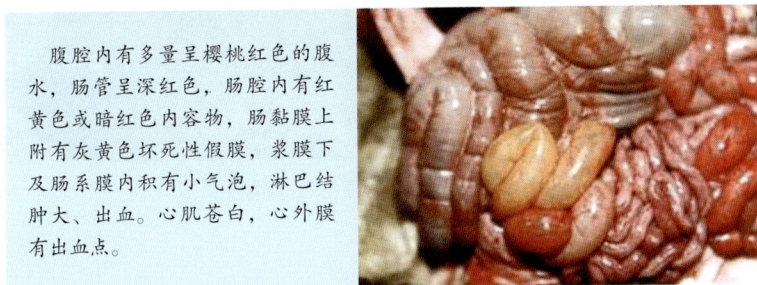

腹腔内有多量呈樱桃红色的腹水，肠管呈深红色，肠腔内有红黄色或暗红色内容物，肠黏膜上附有灰黄色坏死性假膜，浆膜下及肠系膜内积有小气泡，淋巴结肿大、出血。心肌苍白，心外膜有出血点。

图7-118　仔猪红痢肠管病理变化

【防治措施】

本病发生时无良好的药物治疗，预防必须严格实行综合防疫措施，加强母猪的饲养管理。对于产仔后的母猪，必须将其奶头洗净消毒后再让新生仔猪吃奶。在发病的猪群中，对妊娠母猪于临产前1个月和15天，各肌内注射仔猪红痢疫苗10毫升。这样新生仔猪吃到初乳后，可获得100%的保护力。也可于仔猪出生后口服高效微生态制剂。

240. 怎样防治仔猪黄痢？

仔猪黄痢又叫早发性大肠杆菌病，是初生仔猪的一种急性、致死性传染病。多发生于1周龄以内的哺乳仔猪，尤以1～3日龄为最多。经常1头仔猪发病，便很快波及整窝，死亡率极高。

主要症状以排出黄色稀粪和急性死亡为特征（图7-119），发病最早的常在生后数小时、无腹泻症状而突然死亡。

剖检病猪有肠炎和败血症变化，有的无明显病变（图7-120）。

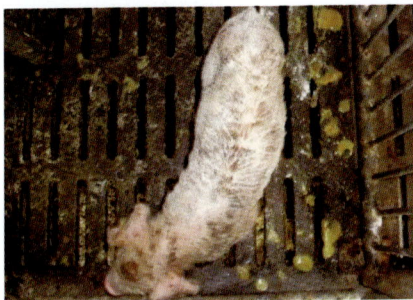

病猪突然腹泻，初期排黄色糊状软粪，不久转为半透明的黄色液体，腥臭。严重的病猪肛门松弛，大便失禁，眼球下陷，迅速消瘦，皮肤失去弹性，外阴部、会阴部、肛门周围及股内等处皮肤潮红，很快昏迷而死。

图7-119　仔猪黄痢症状

病猪肠道黏膜出现急性卡他性炎症，尤其是十二指肠最严重，肠黏膜肿胀、充血、出血，肠壁变薄，肠管松弛，肝脏、肾脏常有小坏死性病灶，脑部充血或有出血点。

图7-120　仔猪黄痢肠道急性卡他性炎症

【防治措施】

(1) 本病的病程短，发病后常来不及治疗。但如在一窝内发现1头病猪则应立即对全窝仔猪做预防性治疗，常用药物有金霉素、新霉素、磺胺甲基嘧啶等。

(2) 母猪临产前必须清扫、冲洗、消毒产房，并垫上干净的垫草。母猪产仔后，先把仔猪放入已消毒过的产仔箱内，暂不接触母猪，待把母猪乳房、奶头、胸腹及臀部洗净、消毒、擦干，挤掉头几滴乳汁后再给仔猪固定奶头。产后前3天每天要清扫圈舍2次，清洗、消毒乳房2～3次。

241. 怎样防治仔猪副伤寒？

仔猪副伤寒也称猪沙门氏菌病，急性者多为败血症，慢性者为坏死性肠炎，常发生于6月龄以下仔猪，特别是2～4月龄仔猪多见。本病在一年四季均可发生，多雨、潮湿、寒冷、季节交替时发生率高。

急性型（败血型）常突然死亡，病程稍长者可见精神沉郁，食欲不振或废绝，喜钻于垫草内，体温升高至41～42℃，鼻、眼有黏性分泌物。病初先便秘，后腹泻，粪色淡黄，恶臭，有时混有血液（图7-121）。

败血型仔猪副伤寒病猪在死前不久，其颈、耳、胸下及腹部皮肤先呈紫红色，后变为蓝紫色，病程4～10天，多数病猪往往因心力衰竭而死亡。

图7-121　急性型仔猪副伤寒症状

慢性型（肠炎型）最常见，病初减食或不食，精神不振，腰背弓起，四肢无力，走路摇摆。经常出现持续性腹泻，粪便时干时稀，呈淡黄色、黄褐色或绿色，恶臭，有时混有血液，严重时失禁（图7-122）。

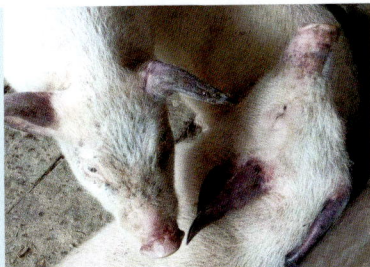

慢性型仔猪副伤寒病猪由于持续腹泻，故日渐消瘦、衰弱，被毛粗乱无光，行走摇晃，最后极度衰竭而死。多在半个月以上死亡，有的甚至长达2个月，不死的病猪生长发育停滞，成为僵猪。

图7-122　慢性型仔猪副伤寒症状

急性型病例全身淋巴结肿大，紫红色，切面外观似大理石状，肝脏、肾脏、心外膜、胃、肠黏膜有出血点；病程稍长的病例，大肠黏膜有糠麸样坏死物。慢性型病例，典型的病变在盲肠及结肠（图7-123）。

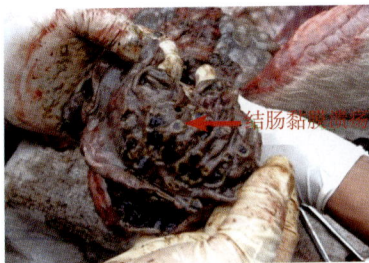

结肠黏膜溃疡

盲肠及结肠有浅平的溃疡或坏死，周边呈堤状，中央稍凹陷，表面附有糠麸样假膜，多数病灶汇合而形成弥漫性纤维素性坏死性肠炎。坏死灶表面干固结痂，不易脱落。

图7-123　慢性型结肠黏膜溃疡

【防治措施】

（1）加强饲养管理，保持圈舍干燥、卫生。饲喂配合饲料，对1月龄以上的仔猪肌内注射仔猪副伤寒冻干弱毒疫苗预防。

（2）治疗时可根据药敏试验选用新霉素，每千克体重10～15毫克，每天2次，口服或肌内注射；土霉素，每千克体重0.1克，每天口服2次，连用3～5天；复方新诺明，每千克体重20～25毫克，每天口服2次，连用4～6天。

（3）对已发病的猪，则隔离饲养；被污染的猪圈可用20%石灰乳或2%氢氧化钠溶液进行消毒。由于已治愈的猪仍可带菌，故不能与无病猪群混养。

242. 怎样防治仔猪水肿病？

仔猪水肿病是由病原性大肠杆菌的毒素引起的一种急性散发性疾病。主要发生于断奶前后的仔猪，发病急，致死率高；一窝中营养良好和体格健壮的仔猪多发；多见于春季和秋季，病的发生与饲料和饲养方式的改变、饲料单一或一次性大量饲喂精饲料等有关。

临床上通常是1～2头体壮的仔猪突然出现精神委顿，减食或停食，病程短促，很快死亡。多数病猪先后在眼睑、结膜、齿龈、脸部、颈部和腹部皮下出现水肿（图7-124）。病程短者数小时，一般1～2天内死亡，病死率可达90%。

严重的病猪头顶甚至胸下部出现水肿。有的站立时弓背发抖，步态蹒跚，渐至不能站立，肌肉震颤，倒地，四肢划动如游泳状，并发出嘶哑的尖叫声，体温正常或偏低。

图7-124 仔猪水肿病

该病的主要病理变化特征是水肿（图7-125）。

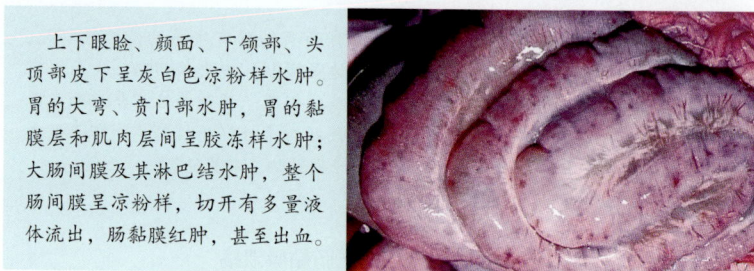

上下眼睑、颜面、下颌部、头顶部皮下呈灰白色凉粉样水肿。胃的大弯、贲门部水肿，胃的黏膜层和肌肉层间呈胶冻样水肿；大肠间膜及其淋巴结水肿，整个肠间膜呈凉粉样，切开有多量液体流出，肠黏膜红肿，甚至出血。

图7-125 患病仔猪肠黏膜水肿、出血

【防治措施】

（1）目前对已发病的仔猪无特异治疗方法。初期可口服盐类泻剂，以减少肠内病原菌及其有毒产物数量。同时，可使用抑制致病性大肠杆菌的药物，如氢化可的松注射液，每千克体重3～5毫克，肌内或静脉注射；或地塞米松磷酸钠注射液，每千克体重0.3～0.5毫克，每天2次。用上述任何一种药物治疗的同时，再配合下列任何一种药物治疗，即每5千克体量内服1片双氢克尿噻，每天服2次；或每20千克体重肌内注射磺胺-5-甲氧嘧啶注射液10毫升，每天2次；或每千克体重口服1片复方杆菌净，每天2次。经2～3次用药后，症状就会消失。当仔猪能站立、眼睑水肿已消失时则停止用药，并注意给足饮水。

（2）仔猪断奶时，要防止饲料和饲养方式的突变，避免饲料过于单一或蛋白质过多，多喂些青绿饲料与矿物质。在断奶前1周和断奶后3周，每头每天内服磺胺甲基嘧啶1.5克，可预防本病发生。

243. 怎样防治猪链球菌病？

猪链球菌病是一种人兽共患病，不分年龄、品种和性别的猪均易感，但大多数在3～12周龄的仔猪中暴发流行，尤其在断奶及混群时易出现发病高峰。

（1）**败血型**　主要常见于流行初期的最急性型病例，发病急，病程短，往往不见任何异常症状而突然死亡。急性型病例全身症状明显（图7-126），发病率一般为30%左右，死亡率可达80%。

（2）**脑膜脑炎型**　多发生于哺乳仔猪和断奶小猪，病初体温升高至40.5～42.5℃，停食，便秘，有浆液性和黏性鼻液，会出现神经症状（图7-127）。

急性型病例表现为精神沉郁，体温升高达43℃，出现稽留热，食欲不振，眼结膜潮红，流泪，流浆液状鼻液，呼吸急促，间有咳嗽，颈部、耳郭、腹下及四肢下端皮肤呈紫红色，有出血点，跛行，病程稍长，多在3～5天内死亡。

图7-126　急性型链球菌病

脑膜脑炎型病猪，常出现神经症状，表现为运动失调、盲目走动、转圈、空嚼、磨牙、仰卧、后躯麻痹、侧卧于地、四肢划动（似游泳状）。

图7-127　脑膜脑炎型链球菌病

（3）**关节炎型**　主要由前两型转来的，或者从发病起就表现为关节炎型（图7-128）。

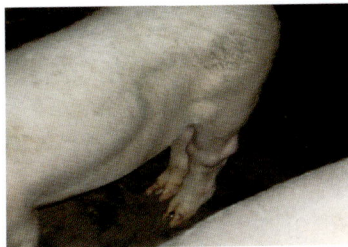

病猪常出现一肢或几肢关节肿胀、疼痛、跛行，肢体软弱，不能站立，病程2～3周。

图7-128　关节炎型链球菌病

（4）淋巴结脓肿型 该型是由猪链球菌经口、鼻及皮肤损伤感染而引起的，主要表现为下颌、咽部、颈部等处的淋巴结化脓和形成脓肿（图7-129）。

剖检时，败血型：主要为出血性败血症病变和浆膜炎（图7-130），全身淋巴结肿大、出血；心内膜出血，脾脏肿大、出血，胃黏膜充血、出血，有溃疡。脑膜脑炎型：脑膜充血、出血，严重者溢血，少数脑膜下充满积液，脑切面可见白质和灰质有明显的点状出血，其他与败血型变化相似。慢性型：有心内膜炎时，心瓣增厚，表面粗糙，在瓣上有菜花样赘生物，常见二尖瓣或三尖瓣。关节炎型：关节囊内外有黄色胶冻样液体或纤维素性脓性物质。

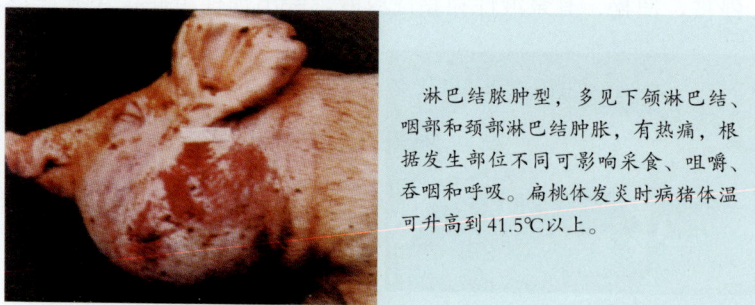

淋巴结脓肿型，多见下颌淋巴结、咽部和颈部淋巴结肿胀，有热痛，根据发生部位不同可影响采食、咀嚼、吞咽和呼吸。扁桃体发炎时病猪体温可升高到41.5℃以上。

图7-129 淋巴结脓肿型链球菌病

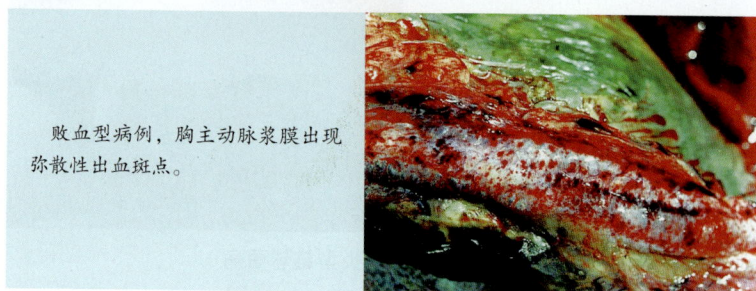

败血型病例，胸主动脉浆膜出现弥散性出血斑点。

图7-130 败血型链球菌浆膜炎

【防治措施】

（1）加强饲养管理，注意环境卫生。

（2）治疗时可选用青霉素，每千克体重3 000～4 000单位，肌内注射，每天2次，连续3～5天。土霉素每千克体重0.05～0.1克，口服，每天2次。磺胺嘧啶，日剂量为每千克体重80毫克，分3次口服，连服5天。以上药物如能两种药物联合或交叉应用，则效果更好。

（3）对于体表脓肿病猪，初期可用5%碘酊或鱼石脂软膏外涂；已成熟的脓肿，可在局部用碘酊消毒后用刀切开，将脓汁挤尽后撒些消炎粉。

244. 怎样防治猪破伤风？

猪破伤风俗称"锁口风"，是由破伤风梭菌引起的一种人兽共患创伤性传染病，其特征是病猪对外界刺激的反射兴奋性增加，肌肉持续性痉挛。在自然感染时，通常是由小而深的创伤传染而引起的。本病常在小猪去势后发生。

初发病时局部肌肉或全身肌肉呈轻度强直，病猪行动不便，吃食缓慢。随着病情的发展，症状明显（图7-131）。

病猪四肢僵硬，腰部不灵活，两耳竖立，尾部不活动，瞬膜露出，牙关紧闭，流口水，肌肉发生痉挛，当强行驱赶时痉挛加剧，嘶叫，卧地后不能起立，出现角弓反张或偏侧反张，很快死亡。

图7-131　猪破伤风病

【防治措施】

（1）预防本病发生主要是避免引起创伤，如发生外伤立即消毒伤口，同时可注射破伤风明矾类毒素或破伤风抗毒素。

（2）治疗时，首先对感染创伤（腔）进行有效的防腐消毒，彻底清除脓汁、坏死组织等，并用3%过氧化氢溶液、2%高锰酸钾溶液或5%碘酊消毒创伤（腔）。初期可皮下或静脉注射破伤风抗毒素5 000～20 000国际单位，病情严重时可用同样剂量重复注射一次或数次。为清除繁殖的病菌，初期可注射青霉素或磺胺类药物。

245. 怎样防治仔猪渗出性皮炎？

仔猪渗出性皮炎是由葡萄球菌引起的、发生在哺乳仔猪和刚断奶仔猪的一种急性和超急性感染病，当机体的抵抗力降低或皮肤、黏膜破损时便会发病。

本病的主要特征为全身性、急性渗出性皮炎（图7-132、视频10）。

视频10

剖检病猪全身有黏胶样渗出，恶臭；全身皮肤形成黑色痂皮，肥厚干裂，痂皮剥离后露出桃红色的真皮组织；体表淋巴结肿大；输尿管扩张，肾盂及输尿管积聚黏液样尿液。

猪突然发病，先是吻突及眼睑出现点状红斑，后转为黑色；接着全身出现油性、黏性滑液渗出，形成一层黑色痂皮，外观像全身涂上一层煤烟，触之粘手如接触油脂样感觉，故称之为"油皮病"。之后病情更加严重，有的仔猪不会吮乳，有的出现四肢关节肿大，不能站立，全身震颤，最后因脱水、败血、衰竭而死亡。

图7-132 仔猪渗出性皮炎

【防治措施】

（1）注意搞好圈舍卫生，母猪进入产房前应先清洗、消毒，母猪产仔后10日龄内应进行带猪消毒1～2次。

（2）接生时修整好初生仔猪的牙齿，断脐、断尾前都要严格消毒，保证围栏表面不粗糙，采用干燥、柔软的猪床等能降低发病率。对母猪和仔猪的局部损伤立即进行治疗，有助于预防本病。

（3）一旦发现病猪应迅速隔离，并尽早治疗。可尝试用青霉素、三甲氧苄二氨嘧啶、磺胺类或林可霉素、壮观霉素等抗生素肌内注射，连用3～5天。对皮肤有痂皮的病猪用45℃的0.1%高锰酸钾溶液或1：500的百毒杀浸泡5～10分钟，待痂皮发软后用毛刷擦拭干净，剥去痂皮，在伤口涂上复方水杨酸软膏或新霉素软膏。对于脱水严重的病猪应及早用葡萄糖生理盐水或口服补液盐补充体液，并保证患猪清洁饮水的供应。

246. 怎样防治猪坏死杆菌病？

猪坏死杆菌病常继发于其他感染或创伤之后。猪舍潮湿、护蹄不良、仔猪牙齿生长过度而引起母猪奶头损伤等都是诱发本病的因素。该病的潜伏期为1～3天。按发病的部位不同临床上分4种类型。

（1）**坏死性口炎** 在唇、舌、咽、齿龈等黏膜和附近的组织发生坏死，有恶臭，同时病猪食欲消失，全身衰弱，经5～20天死亡。

（2）**坏死性鼻炎** 在鼻软骨、鼻骨、鼻黏膜表面出现溃疡与化脓，病变可延伸到支气管和肺。

（3）**坏死性皮炎** 在颈、胸侧、背部、臀、尾、耳、四肢下部等的皮肤及皮下发生坏死和溃疡。病初为皮肤上突起小丘疹，局部发痒，表面有一层干痂，质硬，痂下组织发生坏死，形成较大的囊状坏死区，坏死组织腐烂，积有大量灰黄色或灰棕色的恶臭液体，并可从坏死皮肤破溃处流出，最后皮肤发生溃烂（图7-133）。

（4）**坏死性肠炎** 胃肠黏膜有坏死性溃疡，病猪出现腹泻、虚弱、神经症状，死亡的居多。

剖检病程短与病势轻的猪，内脏没有明显的病变。但病程长与病势严重的猪，可见肝硬变，肾包膜不易剥离，膀胱黏膜肥厚，口腔及胃黏膜有纤维坏死性炎症，肠黏膜更为严重。

图7-133 猪坏死性皮炎

【防治措施】

（1）发现病猪，及时隔离；受污染的用具、垫草、饲料等，要进行消毒或烧毁。注意保持猪舍干燥，粪便应进行发酵处理。

（2）治疗时，对坏死性皮炎，可先用0.1%高锰酸钾溶液或2%煤酚皂或3%双氧水冲洗患部，彻底清除坏死组织，然后选用下列任何一种方法治疗：撒消炎粉于创面；涂擦10%甲醛溶液，直至创面呈黄白色；涂擦高锰酸钾粉；将植物油趁热灌入创内，隔天1次，连用2～3次。对坏死性口炎，先用0.1%高锰酸钾溶液洗涤口腔，然后可选用下列任何一种药物涂擦口腔：碘甘油；5%龙胆紫溶液，每天2次，直至痊愈。对坏死性肠炎，宜口服抗生素或磺胺类药物。

247. 养猪为什么要定期驱虫？

寄生虫病不仅是造成饲料利用率和养殖场经济效益降低的一个重要因素，而且有些寄生虫病为人猪共患，直接威胁人体健康。做好寄生虫病的防治，给猪定期驱虫（图7-134），不但可以为养猪户创造更大的经济效益，而且也是提高公共卫生的重要措施。

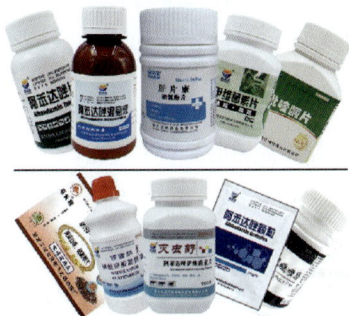

一般新购仔猪，在进场后第2周驱虫1次；后备猪进场后第2周驱虫1次，配种前驱虫1次；种公猪每年驱虫3次；空怀母猪在配种前驱虫1次；妊娠母猪在产前2周驱虫1次；生长育肥猪在保育结束转育肥舍前驱虫1次。

图7-134 各种驱虫药物

248. 怎样防治猪蛔虫病？

3～6个月龄的小猪最易感染蛔虫病，一般都是因猪吞食被具有感染性蛔虫卵污染的饲料或饮水而引起的。当猪感染后，生长发育不良，甚至可引起死亡。

该病对小猪危害严重，当幼虫侵袭肺脏而引起蛔虫性肺炎时，主要表现为体温升高、咳嗽、呼吸喘急、食欲减退及精神倦怠等症状（图7-135）。成虫主要寄生在小肠，其产生的毒素可作用于中枢神经系统，引起神经症状，如阵发性痉挛，兴奋和麻痹，还可引起荨麻疹等。

幼虫移行到肺部时会引起蛔虫性肺炎，临床表现为咳嗽、呼吸加快、体温升高、食欲减退和精神沉郁。当成虫大量寄生时会引起小肠阻塞，猪能吃不长、身体消瘦、贫血、生长发育不良，甚至成为"僵猪"。有时虫体钻入胆管，阻塞胆道，引起腹痛和黄疸。

图7-135　猪蛔虫病症状

剖检病猪，虫体寄生少时一般无显著的病理变化。如多量感染时，在初期多表现肺炎病变，肺的表面或切面出现暗红色斑点。幼虫移行时常在肝脏上形成不定形的灰白色斑点及硬变。如蛔虫钻入胆管，可在胆管内发现虫体（图7-136）。

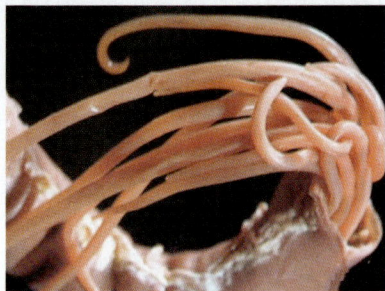

如有大量成虫寄生于小肠，可见肠黏膜卡他性炎症；如由虫体过多引起肠阻塞而造成肠破裂时，可见到腹膜炎和腹腔出血。

图7-136　寄生在猪小肠中的蛔虫

【防治措施】

（1）定期驱虫，在1月龄、5～6月龄和11～12月龄时分期选用左旋咪唑，按每千克体重10克拌入饲料中一次投喂，每天1次，连用2天。母猪可于临产前1个月左右驱虫一次，以保护仔猪。

（2）保持栏舍清洁干燥，勤清猪粪，并将猪粪堆积发酵，以消灭蛔虫卵。

（3）治疗时可选用精制敌百虫，每千克体重0.1克（总剂量不超过7克），拌入少量饲料一次投喂；左旋咪唑，每千克体重10毫克，拌入饲料喂服；5%注射液，每千克体重3～5毫克，皮下注射或肌内注射，每天1次，连用2天；阿苯达唑，每千克体重15毫克，拌入饲料一次喂服，效果很好。

249. 怎样防治猪肺丝虫病？

猪肺丝虫病是由后圆线虫寄生在猪的支气管和细支气管的一种蠕虫病。常引起支气管炎，甚至肺炎，且易并发猪肺疫、猪气喘病等肺部传染病。常呈地方性流行，多因猪吃食含有感染性幼虫的蚯蚓而感染。

仔猪感染1个月后主要发生咳嗽，尤其是在早、晚运动或外界温度变化时咳嗽明显（图7-137）。

剖检支气管末端内部有大量虫体，呈棉絮状，肺叶表面有局限性气肿，有时可引起支气管破裂。

感染肺丝虫病猪，有时从鼻孔流出脓性黏液，眼有分泌物。病猪食欲一般正常，但生长发育停滞，逐渐消瘦。严重时出现呕吐、腹泻、呼吸困难，并有强烈的阵咳。体温间或升高，贫血，黄疸，极度衰弱，最终因衰竭死亡。

图7-137 猪肺丝虫病症状

【防治措施】

（1）加强饲养管理，猪舍及运动场地要经常打扫和消毒（图7-138），严防猪吃到蚯蚓。

猪场定期使用3%草木灰水或2%热的氢氧化钠溶液消毒，将可能存在的虫卵杀死，以防止出现蚯蚓。

图7-138 猪场定期消毒灭虫

（2）在肺丝虫流行地区要进行定期预防性驱虫，仔猪在生后2～3个月龄时驱虫1次，以后每隔2个月驱虫1次。

（3）治疗病猪可选用左旋咪唑，每千克体重7毫克，一次口服或肌内注射。对肺炎严重的猪，应在驱虫的同时连用3天青霉素。伊维菌素，每千克体重0.2毫克，皮下或肌内注射，一次见效。阿苯达唑，每千克体重10～15毫克，混入饲料口服。

250. 怎样防治猪囊尾蚴病？

猪囊尾蚴病又叫猪囊虫病，其猪肉被称为米猪肉或豆猪肉。是由于人的有钩绦虫的幼虫（猪囊尾蚴）寄生于猪的肌肉组织而引起的（图7-139）。该病是一种危害严重的人畜共患病。

米猪肉就是含猪囊尾蚴的病猪肉。肥肉、瘦肉及五脏、器官上都有或多或少米粒状、乳白色、半透明的水疱囊包。囊包虫呈石榴籽状，寄生在肌纤维（瘦肉）中，如肉中夹着米粒，故称为米猪肉。腰肌是包虫寄生最多的地方。

图7-139　含猪囊尾蚴的猪腰肌

猪囊尾蚴的生活史见图7-140。

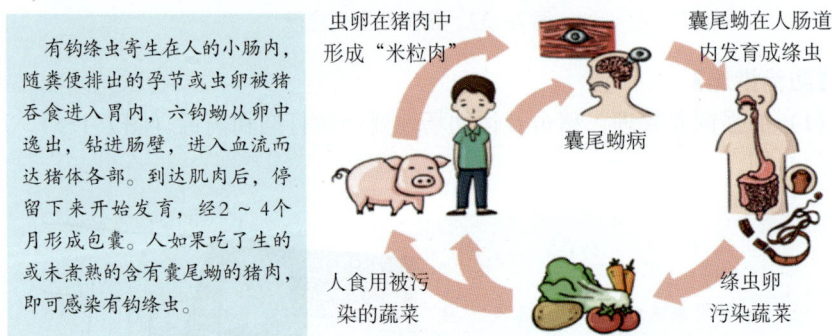

有钩绦虫寄生在人的小肠内，随粪便排出的孕节或虫卵被猪吞食进入胃内，六钩蚴从卵中逸出，钻进肠壁，进入血流而达猪体各部。到达肌肉后，停留下来开始发育，经2～4个月形成包囊。人如果吃了生的或未煮熟的含有囊尾蚴的猪肉，即可感染有钩绦虫。

虫卵在猪肉中形成"米粒肉"

囊尾蚴在人肠道内发育成绦虫

囊尾蚴病

绦虫卵污染蔬菜

人食用被污染的蔬菜

图7-140　猪囊尾虫蚴的生活史

猪囊尾蚴少数寄生猪体时，病猪症状不显著。若舌有多数虫体寄生时，则发生舌麻痹。咬肌寄生量多时，病猪面部增宽，颈部变短。肩部寄生量多时，出现前宽后窄。脑部有寄生时，出现疼痛、狂躁、四肢麻痹等神经症状。腰肌是囊尾蚴寄生量最多的地方。

【防治措施】

（1）避免猪吃食人粪，人粪要经过发酵处理后再用作肥料；加强市场屠宰检验，禁止出售带有囊尾蚴的猪肉；有成虫寄生的病人要进行驱虫治疗，杜绝病原的传播。

（2）要加强监管，不准出售有囊尾蚴的猪肉，接触过该病猪肉的手或用具要洗净，以防人感染。

（3）治疗时病猪用吡喹酮，每千克体重0.2克，口服；或用液体石蜡与该药配成10%的注射液，每千克体重0.1克，肌内注射。

251. 怎样防治猪弓形虫病？

猪弓形虫病是由弓形虫引起的一种原虫病，又称弓形体病。弓形虫病是一种人兽共患病，宿主种类十分广泛，人和动物的感染率都很高。本病一年四季均可发生，2～4月龄的猪发病率和死亡率较高。

初期病猪体温升高到40～42℃，高热稽留，全身症状明显（图7-141），后期体温急剧下降而死亡。病程一般7～10天。在本病暴发流行时，患病的妊娠母猪往往发生流产。

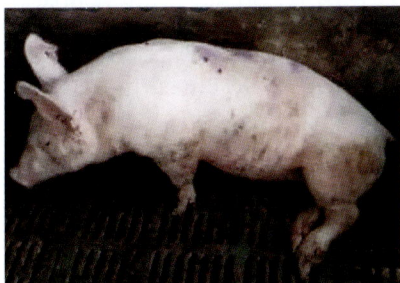

初期病猪出现高热、流鼻汁、眼结膜充血、体表发红、趾端和耳端发紫、腹泻等，呼吸困难，呈犬坐或腹式呼吸，并逐渐消瘦。有的出现癫痫发作、呕吐、全身不适、震颤、麻痹、不能起立等症状。妊娠母猪感染后食欲正常，但后肢无力，有时瘫痪，引起流产或死胎。

图7-141　猪弓形虫病患猪后肢瘫痪

剖检病猪最具特征的内部病变是肺水肿，肝脏、脾脏肿大，有点状出血，多发性坏死；淋巴结，特别是肺门、胃门、肝门及肠系膜淋巴结肿大、出血、坏死等。后期的病猪体表各部位，尤其是下腹部、下肢、耳朵、尾部出现不同程度的淤血或暗紫红色斑块。

【防治措施】

（1）保持圈舍清洁卫生，并定期清洗、消毒，场内禁止养猫，经常开展灭蝇、灭鼠工作，母猪流产的胎儿及排泄物要就地深埋。

（2）治疗时用磺胺二甲基嘧啶或磺胺嘧啶，日剂量是每千克体重100毫克，分2次内服（间隔1~2小时）。磺胺甲基嘧啶、甲氧苄嘧啶等药物治疗本病也均有效果。

252. 怎样防治猪肾虫病？

猪肾虫病是严重危害我国南方各省养猪业发展的寄生虫病之一，常呈地方性流行。

猪感染后最初出现皮肤炎症，体表淋巴结肿大，食欲减退，精神委顿，消瘦，贫血，被毛粗乱无光泽，生长迟缓（图7-142）。

转为慢性患猪后肢无力，跛行，走路时左右摇摆，喜躺卧。尿液中常有白色环状物或脓液。有的后躯麻痹或后肢僵硬，不能站立，拖地爬行。仔猪发育停滞；母猪不孕或流产；公猪性欲降低，失去配种能力。严重时病猪多因极度衰弱而死亡。

图7-142　猪肾虫病症状

剖检尸体发现，皮肤上有丘疹或红色结节，肝脏内有包囊和脓肿，内有幼虫，肿大、变硬，结缔组织增生，切面上可看到幼虫钙化的结节。肾盂有脓肿，结缔组织增生。输尿管壁增厚，常有数量较多的包囊，内有成虫。

【防治措施】

（1）加强饲养管理，搞好栏舍及运动场地的卫生，经常用20%石灰乳或3%~4%漂白粉溶液消毒。新购入的猪应进行检疫，隔离饲养，防止该病传播。

（2）治疗病猪可选用左旋咪唑，每千克体重10毫克，内服；或每千克体重4~5毫克，肌内注射，每天1次，连用7天。四氯化碳，每千克体重0.25毫升，与等量液体石蜡混合，在颈部、臀部分点深部肌内注射，每隔15~20天重复注射1次，连用6~8天，杀死幼虫的效果更好。阿苯达唑，每千克体重15毫克拌料，一次内服，每天1次，连用7天。

253. 怎样防治猪旋毛虫病？

猪旋毛虫病是猪吃了含有肌肉旋毛虫幼虫包囊的肉屑或鼠类而感染的，人若食入了未煮熟的含旋毛虫包囊的猪肉也会发病。故肉品卫生检验中将旋毛虫列为首要检验项目。

猪有严重感染时才会出现临床症状。在感染后3~7天体温升高，腹泻，有时呕吐。患猪消瘦，以后出现肌肉僵硬和疼痛（幼虫进入肌肉引起肌炎），呼吸困难，声音嘶哑，有时还出现面部浮肿、吞咽困难等症状。有时眼睑和四肢水肿。死亡较少，病猪多于4～6周康复。

剖检可在肌肉旋毛虫常寄生的部位找到包囊（图7-143）。

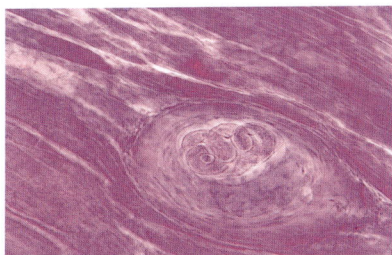

猪旋毛虫常寄生在膈肌、舌肌、喉肌、肋肌、胸肌等处，未钙化的包囊呈露滴状，半透明，较肌肉的色泽淡，以后变成乳白色、灰白色或黄白色，钙化后的包囊为长约1毫米的灰色小结节。

图7-143　病猪旋毛虫包囊

【防治措施】

（1）加强屠宰卫生检验，不吃生猪肉，捕灭饲养场内的鼠并焚烧。猪不放牧，防止接触动物尸体和一些昆虫。

（2）治疗可选用阿苯达唑，每千克体重10毫克，一次口服；噻苯达唑，每千克体重60毫克，一次口服，连用5～10天。

254. 怎样防治猪疥癣病？

猪疥癣病又叫猪螨病，是由疥癣虫寄生在猪的皮肤内所引起的一种慢性皮肤寄生虫病。

猪疥癣病症状通常起始于头部、颊及耳部，以后蔓延到背部、躯干两侧及后肢内侧（图7-144），5月龄以内的仔猪最易感染。

病猪局部发痒，常以四肢搔痒或就墙角、柱栏等处擦痒。数日后患部皮肤出现针头大小的结节，随后形成水疱或脓疱。当水疱或脓疱破溃后，结成痂皮。病猪食欲不振，营养减退，身体消瘦，甚至衰竭死亡。

图7-144　猪疥癣病症状

【防治措施】

(1) 猪圈要保持干燥，光线充足，空气流通。经常刷拭猪体，猪群不可拥挤，并定期消毒栏舍。新购进的猪应仔细检查，经隔离饲养鉴定无病后方可合群饲养。

(2) 发现病猪及时隔离治疗，可用0.5%～1%敌百虫溶液，用水配成0.02%的浓度，直接涂擦、喷雾患部，隔2～3天1次，连用2～3次；或用烟叶或烟梗1份，加水20份，浸泡24小时，再煮1小时，冷却后涂擦患部；也可用柴油下脚料或废机油涂擦患部；或硫黄1份、棉粉油10份，混均匀后涂擦患部，连用2～3次。

255. 怎样防治猪虱病？

猪虱多寄生于猪的耳朵周围、体侧、臀部等处，成虫叮咬吸血，刺激皮肤，常引起皮肤发炎，出现小结节（图7-145）。

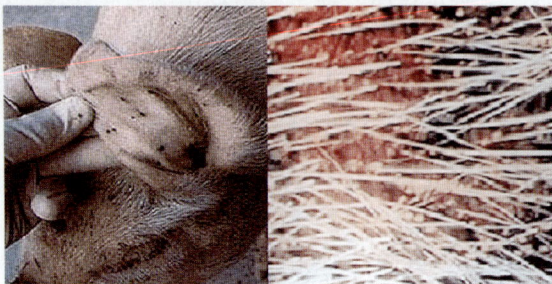

患猪经常搔痒和摩擦，造成被毛脱落，皮肤损伤。幼龄仔猪感染后病状比较严重，常因瘙痒不安而影响休息、食欲，甚至影响生长发育。

图7-145 猪虱病

【防治措施】

(1) 加强饲养管理，经常刷拭猪体，保持清洁干净。猪舍要经常打扫、消毒，保持通风、干燥。垫草要勤换、常晒。对猪群要定期检查，发现有虱病者，应及时隔离治疗。

(2) 杀灭猪虱可选用2%敌百虫溶液涂于患部或喷雾于体表患部；或烟叶1份、水90份，煎成汁涂擦体表；或将鲜桃树叶捣碎，在体表摩擦数遍。

256. 怎样给僵猪脱僵？

僵猪又称小老猪。在猪生长发育的某一阶段，由于遭到某些不利因素的影响，猪的长期发育停滞，虽然饲养时间较长，但仍体格小，被毛粗乱，极度消瘦，形成两头尖、中间粗的"刺猬猪"。造成僵猪的原因很多，主要有以下几种。

(1)"胎僵仔猪"（图7-146）

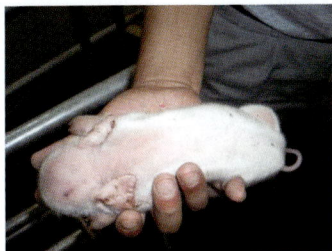

胎僵仔猪多是母猪在妊娠期饲养不良，母体内的营养供给不能满足胎儿生长发育的需要，致使胎儿发育受阻，产生初生重很小的"胎僵仔猪"。

图7-146　胎僵仔猪

(2)"奶僵"（图7-147）

由于饲养不当，母猪泌乳不足，或对仔猪管理不善，如初生弱小的仔猪吸吮不到奶或吸吮干瘪的奶头，致使仔猪发生"奶僵"。

奶僵猪

图7-147　奶僵猪

(3)"病僵"（图7-148）

病僵猪

仔猪长期患寄生虫病或代谢性疾病等，致使其生长受阻，形成"病僵"。

图7-148　病僵猪

(4)"食僵"（图7-149）

仔猪断奶后饲料单一、营养不全，特别是缺乏蛋白质、矿物质和维生素等营养物质，导致仔猪长期发育停滞而形成"食僵"。

图7-149　食僵猪

【防治措施】

（1）加强母猪妊娠后期和泌乳期的饲养管理。

（2）合理地给哺乳仔猪固定奶头，提高仔猪断奶体重。

（3）做好仔猪的断奶工作，避免断奶仔猪产生各种应激反应。

（4）搞好环境卫生，保证母猪舍温暖、干燥、空气新鲜、阳光充足。做好各种疾病的预防工作，并定期驱虫，减少仔猪疾病。

【脱僵措施】

（1）发现僵猪及时分析致僵原因，排除致僵因素，单独饲养；加强管理，驱虫治病；改善营养，加喂饲料添加剂，以促进机体生理机能的调节，恢复正常的生长发育。

（2）在僵猪的日粮中，连喂7天0.75%～1.25%的土霉素，待其发育正常按照0.4%比例添加，每天1次，连喂5天，并适当增加动物性饲料和健胃药。同时，加倍使用复合维生素添加剂、微量元素添加剂、生长促进剂和催肥剂，促使僵猪脱僵，加速育肥。

257. 怎样防治猪亚硝酸盐中毒？

各种青菜中含有大量的硝酸盐，在蒸煮不透或在温度为40～60℃的锅中放置过久，硝酸盐会变为有剧毒的亚硝酸盐（图7-150）。猪采食后10～30分钟突然发病，表现狂躁不安，呕吐流涎，呼吸困难，心跳加快，走路摇摆、乱撞，全身震颤，转圈。黏膜及腹部皮肤初期为灰白色，后变为紫色，四肢及耳发凉，体温下降，倒地痉挛，口吐白沫。如不及时抢救，则很快死亡。

若青菜堆积过久、腐败，在细菌的作用下，其中硝酸盐也能变为亚硝酸盐，猪吃后会很快发病死亡。

图7-150　堆积过久的青菜也会引起亚硝酸盐中毒

剖检可见血液呈紫黑色，如酱油状，凝固不良，病程稍长的可见胃底部、幽门处和十二指肠黏膜充血、出血。

【防治措施】

（1）青绿饲料要在新鲜时饲喂，不要蒸煮。必须蒸煮时烧开后即揭开锅盖，不要闷在锅里过夜。青饲料不要堆起来，若一时吃不完，可摊开或架空挂起。

（2）对中毒病猪治疗时可用1%美蓝溶液，以每千克体重1毫升静脉或腹腔注射（对小猪）；也可以配合5%葡萄糖或葡萄糖盐水，静脉注射；口服或注射大剂量的维生素C也有效果。

258. 怎样防治猪氢氰酸中毒？

高粱、玉米幼苗、亚麻叶、亚麻饼、桃仁、李仁、杏仁等都含有大量的氰苷类物质，猪吃了含有大量这类物质的饲料后，在体内经酶的水解作用，这些氰苷类物质会转化为剧毒的氢氰酸，猪常于饮食后10～20分钟突然发病（图7-151）。

中毒的猪表现呼吸困难，张嘴伸颈，瞳孔放大，流涎。时起时卧，极度不安，呼出的气体有苦杏仁味。有时呈犬坐姿势，有时旋转、呕吐。可视黏膜鲜红，初期有短暂的兴奋，很快转为抑制，最后四肢出现强直性痉挛，牙关紧闭，眼球震颤，窒息而死。

图7-151　猪氢氰酸中毒症状

剖检血液鲜红，凝固不良，尸体不易腐败，胸腹腔和心包内有浆液性渗出物；胃肠黏膜和浆膜出血，胃内容物有苦杏仁味。

【防治措施】

（1）不在含有氰苷类植物的地区放牧，用含有氰苷类物质的饲料喂猪时要限量，最好是放于水中浸泡24小时或漂洗后再喂。

（2）对中毒猪治疗，可先应用1%的硫酸铜溶液50毫升或吐根酊1～5毫升催吐，再用0.1%高锰酸钾溶液反复洗胃；或先静脉注射5%亚硝酸钠溶液0.1～0.2克，随后再静脉注射10%～20%硫代硫酸钠溶液30～50毫升及5%维生素C 2～10毫升；或用1%美蓝溶液，每千克体重1毫升静脉注射。

259. 怎样防治猪棉籽饼中毒？

棉籽饼（图7-152）含有一种有毒物质——棉酚，若长期大量用棉籽饼饲喂，则会引起猪中毒。

棉籽饼中毒后，猪主要表现饮食欲减退或废绝，粪便呈黑褐色，先便秘后腹泻，粪便中多混有黏液和血液；皮肤颜色发绀，尤其以耳尖、尾部明显；后肢软弱无力，走路摇摆，发抖；心跳加快，呼吸迫促；流浆液性鼻液；结膜暗红，有黏性分泌物；肾炎，尿血；血红蛋白和红细胞减少；出现维生素A缺乏症状；妊娠母猪发生流产，严重者在出现症状后不久即死亡。

妊娠母猪和仔猪对棉酚毒素特别敏感，哺乳母猪长期或大量饲喂未经去毒处理的棉籽饼，不仅会引起中毒，而且通过乳汁还会引起仔猪中毒。

图7-152 棉籽饼

剖检胃肠黏膜有弥漫性水肿；小肠呈卡他性炎症，并有出血斑点，肠系膜肿大、充血；胸腔、腹腔有红色渗出液；气管内有血样泡沫液；肾脏肿大和出血。

【防治措施】

(1) 未经处理的棉籽饼喂猪要限制用量，母猪日粮中的添加量不得超过5%，生长育肥猪日粮中的添加量不超过10%，一般饲喂1个月后停喂1个月，或喂半个月停半个月。一旦发生中毒，立即停止饲喂棉籽饼，改喂其他饲料，尤其是多喂些青绿多汁的饲料。

(2) 用棉籽饼饲喂猪时日粮营养要全面，特别要注意保证蛋白质、维生素及矿物质的供给。同时，多喂青绿多汁的饲料，如胡萝卜等。

(3) 治疗猪棉籽饼中毒时，可用5%碳酸氢钠溶液或0.03%高锰酸钾溶液进行洗胃或灌肠，每次1 000～3 000毫升。胃肠炎不严重时可内服盐类泻剂，如硫酸钠或硫酸镁25～50克；胃肠炎严重时可使用消炎剂、收敛剂，如内服磺胺脒5～10克、鞣酸蛋白2～5克、1%硫酸亚铁溶液100～200毫升。为增强心脏功能，补充营养和解毒，可皮下或肌内注射安钠咖5～10毫升，静脉或腹腔注射5%葡萄糖溶液50～500毫升。根据猪体的大小还可先放血200～300毫升，然后用25%葡萄糖酸溶液100毫升、生理盐水500毫升、安钠咖5毫升，混合后一次静脉注射。

260. 怎样防治猪霉败饲料中毒？

猪大量采食霉败饲料后会很快引起急性中毒，长期少量饲喂会引起慢性中毒。初期体温常升高到40～41℃，后期下降。表现为精神不振，食欲减退，结膜潮红，鼻镜干燥，磨牙，流涎，有时发生呕吐。随着病情的继续发展，病猪食欲废绝，吞咽困难，腹痛，腹泻，粪便腥臭（常带有黏液和血液）。最后病猪卧地不起，失去知觉，呈昏迷状态，心跳加快，呼吸困难，全身痉挛，腹下皮肤出现红紫斑（图7-153）。

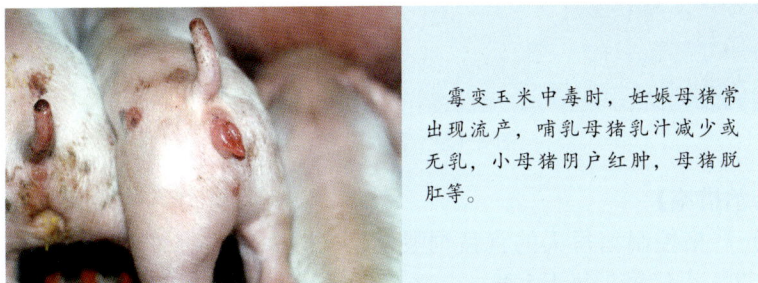

霉变玉米中毒时，妊娠母猪常出现流产，哺乳母猪乳汁减少或无乳，小母猪阴户红肿，母猪脱肛等。

图7-153 小母猪霉玉米中毒时阴户红肿

慢性中毒的猪，走路僵硬，食欲减退，发生异嗜，到处啃吃泥土、瓦砾、被粪尿污染的垫草等。病猪弓背、卷腹，粪便干燥，兴奋不安。有的病猪嘴、耳、腹部和四肢内侧皮肤出现红斑、痂皮、龟裂、出血。

【防治措施】

（1）禁止用霉败的饲料喂猪，发现猪中毒后立即停喂霉败的饲料，改喂其他饲料，尤其是多喂些青绿多汁的饲料。

（2）治疗时可采取排毒、强心补液、对症治疗等措施。如用硫酸钠或硫酸镁30～50克，一次加水内服；用10%～25%葡萄糖溶液200～400毫升、维生素C 10～20毫升、10%安钠咖溶液5～10毫升混合，一次静脉注射或腹腔注射；磺胺脒1～5克，加水内服，每天2次。

261. 怎样防治猪食盐中毒？

猪长期采饲食盐含量高的饲料且又供水不足，或突然大量食入盐分过多的食物（如咸菜、酱油渣、腌肉汤、菜卤等）时，都会中毒。中毒后病猪表现极度口渴、厌食，有时呕吐，口腔黏膜发红，腹痛，腹泻和便秘。多数病猪呈神经症状（图7-154）。

剖检主要病变在消化道，胃肠有出血性炎症，在胃肠黏膜上有多处溃疡；脑脊髓有不同程度的充血和水肿，尤其是急性病例的脑软膜和大脑实质最为明显。

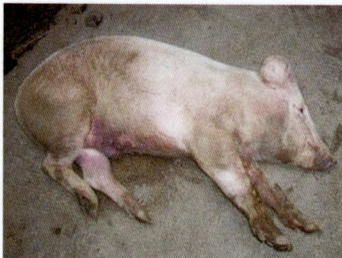

食盐中毒后多数病猪有神经症状，盲目直冲或后退，做单向性转圈运动；失明；头向后仰。严重时呼吸困难，瞳孔放大，全身肌肉痉挛、抽搐，磨牙，心脏功能衰弱，最后卧地不起，昏迷死亡。

图7-154　猪食盐中毒症状

【防治措施】

（1）严格控制猪每天的食盐饲喂量，一般大猪每头每天15克、中猪每头每天10克、小猪每头每天5克。

（2）发现猪中毒后应立即停喂含盐过多的饲料，并供给大量的清水或糖水，促进排盐和排毒。同时，用硫酸钠30～50克或油类泻剂100～200毫升，加水一次内服；用10%安钠咖溶液5～10毫升、0.5%樟脑水10～20毫升及利尿剂（加速尿），皮下或肌内注射，以强心利尿排毒。

262. 怎样防治猪黄曲霉毒素中毒？

猪黄曲霉毒素中毒是由于猪误食被黄曲霉污染的含有毒花生、玉米、麦类、豆类、油粕等而引起的。猪误食后一般1～2周即可发病。

（1）**急性型**　多发生于2～4月龄、食欲旺盛、体质健壮的仔猪，常无明显的临床症状而突然倒地死亡。剖检时在胸、腹腔内可见大量出血，后腿、前肩等处皮下及其他部位的肌肉处都能见到出血。肠道内有血液，肝脏浆膜有针尖样或瘀斑样出血。心内膜与心外膜均有出血。

（2）**亚急性型**　病猪体温多升高到40～41.5℃，精神沉郁，食欲减退或废绝，黏膜苍白，后躯衰弱，走路不稳，粪便干燥，直肠流血。有的猪发出呻吟或头抵墙壁不动。育成猪多呈慢性经过（图7-155）。

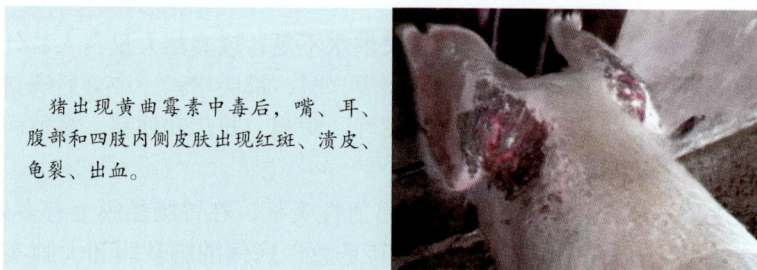

猪出现黄曲霉毒素中毒后，嘴、耳、腹部和四肢内侧皮肤出现红斑、溃皮、龟裂、出血。

图7-155　猪黄曲霉毒素中毒症状

【防治措施】

（1）加强饲料管理，防止饲料发霉，严禁给猪饲喂霉败饲料。轻度发霉（未腐败变质）的饲料，应先行粉碎，随后加清水（1：3）浸泡并反复换水，直至浸出水呈无色为止，然后再配合其他饲料饲喂，也可以在配制饲料时加适量的脱霉剂。

（2）本病发生时目前尚无特效解毒药物，只能采取投服盐料泻剂、静脉放血和补糖解毒保肝等综合治疗措施。

263. 怎样防治猪肉毒梭菌中毒？

猪肉毒梭菌中毒是由于猪吃了含有被肉毒梭菌毒素污染的饲料等而引起的，主要是以运动器官迅速麻痹为特征的急性中毒症（图7-156）。

中毒初期病猪肌肉软弱无力，渐渐发展为麻痹状态。主要表现为吞咽困难，流口水，视觉障碍，反射迟缓，行动困难；有的在地上爬，甚至伏卧地上不能起立；有的呼吸困难，皮肤发绀，最后窒息而死。

图7-156 猪肉毒梭菌中毒症状

剖检一般无特异性变化，确诊必须检查饲料和尸体内有无毒素存在。

【防治措施】

（1）本病的治疗效果不佳，发病早期可使用多价肉毒抗毒素，并配合使用强心输液、镇静等对症疗法。平时须做好环境卫生。

（2）不让猪接触腐败尸体和腐烂食物，已经腐败的饲料不可喂猪；及时清除病猪粪便；常发病的地区可注射肉毒梭菌菌苗预防。

264. 怎样防治猪异嗜癖？

猪异食癖是由多种原因引起的猪的一种机能紊乱、味觉异常的综合征。主要是因日粮中缺乏某些物质、维生素、蛋白质、氨基酸及食盐供给不足；钙、磷比例失调，猪发生佝偻病和软骨病；猪有慢性胃肠炎疾病、寄生虫病等而造成的。

病猪表现为食欲减少，舔食各种异物（图7-157）。

仔猪患佝偻病、骨软症和纤维性骨营养不良时，除有上述病症外，还会出现特有的症状。

猪发生异食癖时，常啃吃泥土、石块、砖头、煤渣、烂木头、破布、鸡粪等；舍饲育成猪之间相互咬尾、耳朵。久之猪被毛粗糙，弓背，磨牙，消瘦，生长发育停滞；哺乳母猪泌乳量减少，甚至吞食胎衣和仔猪。

图7-157 猪异食癖症状

【防治措施】

（1）加强饲养管理，给猪饲喂配合饲料；同时，饲喂青草或青贮饲料，并补饲谷芽、麦芽、酵母等饲料。

（2）单纯性异食癖，可试用碳酸氢钠、食盐或人工盐，每头每天10～20克。因日粮中缺乏蛋白质和某些氨基酸引起的异食癖，应在原日粮中添加鱼粉、血粉、骨粉和豆饼等；因缺乏维生素引起的异食癖，应增喂青绿多汁的饲料和添加维生素；因佝偻病和软骨病引起的异食癖，应补充骨粉、碳酸钙、维生素A和维生素D等。

265. 怎样防治仔猪佝偻病？

仔猪佝偻病主要是由于饲料配合不当，饲料中钙、磷和维生素D缺乏，或钙、磷比例不适而引起的软骨内骨化障碍性疾病。

病猪初期食欲减退，消化不良，发育缓慢，不愿起立和运动，有异嗜癖。随着病情的继续发展，病猪行走困难（图7-158）。

严重的病猪坐地不起，后躯麻痹。出现神经症状，表现为转圈运动，头歪向一侧等，呼吸困难，心脏衰弱，最后死亡。

图7-158 仔猪佝偻病症状

剖检骨骼变形，软骨增生，骨骼增大，骨髓呈红色胶冻样，关节面溃疡，易发生骨折。

【防治措施】

（1）给猪饲喂富含维生素D和钙、磷的饲料，多喂豆科的青绿饲料，在饲料中要补充骨粉、鱼粉。圈舍要光线充足，特别是大群饲养的猪更应注意多晒太阳。

（2）对病猪可用维丁胶性钙注射液，每千克体重0.2毫升，肌内注射，隔日1次；维生素AD注射液，肌内注射2～3毫升，隔日1次；鱼肝油10毫升，每日2次服用。同时，在饲料中适当增加贝壳粉、蛋壳粉、骨粉等比例，以补充钙、磷的含量。

266. 怎样防治仔猪白肌病？

一般认为白肌病是由于猪缺乏微量元素硒或维生素E引起的，多发生于1～2个月龄、营养良好、体质健壮的仔猪。

病猪主要表现食欲减少，精神沉郁，呼吸困难。病程较长的表现为后肢强硬，弓背，站立困难，前腿常跪立或呈犬坐姿势（图7-159）。

剖检死亡病猪可见其骨骼肌特别是后臀肌、腰肌和背部肌肉变性、色淡，有灰白色或灰黄色条纹。心包积液，心脏扩张，心肌变淡，有灰白色或灰黄色条纹，有的心脏外观呈桑葚状。肝脏肿大，质脆易碎，淤血。

图7-159 仔猪白肌病犬坐姿势

【防治措施】

（1）保证饲料中硒和维生素E等添加剂的含量。有条件的地方，可饲喂一些含维生素E较多的青饲料，如种子的胚芽、优质豆科类干草。对哺乳母猪，可在饲料中加入一定量的亚硝酸钠（每次10毫克）。在缺硒的地区，仔猪出生后第3天可肌内注射亚硒酸钠注射液1毫升。

（2）对病猪可用0.1%亚硒酸钠注射液，每头肌内注射3毫升，20天后重复一次。同时，每头肌内注射维生素E注射液50～100毫升。

267. 怎样防治猪的矿物质、微量元素及维生素缺乏症？

在饲料单一或配合饲料质量不好的饲养条件下，猪常会发生矿物质、微量元素及维生素缺乏，常见的症状有以下几种：

（1）矿物质及微量元素缺乏

①钙、磷缺乏症。猪钙、磷缺乏时主要表现佝偻症和骨软症。佝偻症主要发生于新生仔猪（详见第265问）。骨软症常见于成年母猪，易发生于泌乳中期

和后期；病猪表现为后躯麻痹、跛行，盆骨、股骨、腰荐部椎骨等易发生骨折。

【防治措施】

A.根据生长、妊娠和泌乳等不同生长或生理期，按照饲养标准补足钙、磷及维生素D，并注意饲料中的钙、磷比例。猪圈要通风良好，并扩大光照面积。

B.补喂磷酸二氢钙，成年妊娠母猪每天每头50克，小猪每天每头10克；仔猪可加喂鱼肝油，每天2次，每次一茶匙，或骨粉10～30克。

②铁缺乏症。铁缺乏主要发生于仔猪，表现为仔猪贫血，血液中红细胞数量减少，血红蛋白含量下降到5%以下，血色指数低于1，并出现异形红细胞、多染红细胞及有核红细胞，另外网组织细胞增多，血液稀薄、色淡、凝固性降低。

【防治措施】

A.补饲铁盐，如硫酸亚铁、乳酸亚铁、柠檬酸铁、酒石酸铁或葡萄糖酸铁，也可在圈舍内堆放含铁的红黏土让猪拱食（图7-160、视频11）。

视频11

在圈舍内可堆放一些含铁的红黏土，让仔猪自由拱食，以预防缺铁性贫血。

图7-160　让仔猪拱食含铁的红黏土

B.为预防哺乳仔猪出现缺铁性贫血，可以肌内注射含铁的多糖化合物。

③铜缺乏症。猪缺乏铜时主要表现为贫血、心肌萎缩、腹泻、食欲消失、生长缓慢，并伴有异嗜癖等症状（图7-161）。

【防治措施】

用硫酸铜1.0克、硫酸亚铁2.5克、温开水1 000毫升，混合过滤后喂仔猪或涂擦在母猪奶头上让仔猪舔食。或按每千克体重用氯化钴、硫酸亚铁各1.0克，硫酸铜0.5克，溶入100毫升凉开水，供全窝仔猪内服。

图7-161　猪铜缺乏症状

④锌缺乏症。缺乏锌时猪表现皮肤粗糙，食欲减退，皮肤角化不全，被毛异常，生长发育缓慢乃至停滞，创伤愈合缓慢，生产性能减退，繁殖机能异常，免疫功能缺陷及胚胎畸形（图7-162）。

图7-162 猪锌缺乏症状

【防治措施】

每日1次肌内注射碳酸锌2～4毫克/千克体重，连续使用10日，一个疗程即可见效。内服硫酸锌0.2～0.5克/头，对皮肤角化不全和因锌缺乏引起的皮肤损伤数日后即可见效，经过数周治疗后损伤可完全恢复。

⑤碘缺乏症。碘缺乏多发生于新生仔猪，表现为全身无毛，头、颈、肩部皮肤增厚、水肿，体弱无力。仔猪常于出生后几小时内死亡，存活仔猪则表现为嗜睡、生长发育不良、四肢无力、行走摇摆等。

【防治措施】

A．结晶碘1.0克、碘化钾2.0克，用250毫升水溶解，加水至25千克，喷洒于1周所用的饲料中，每头按20毫升计算，用于大群猪预防。

B．治疗时可在母猪日粮中加喂碘化钾，每周0.2克。仔猪可每天随母乳给予碘酊1～2克，内服。

（2）维生素缺乏

①维生素A缺乏症。多是因为猪发生慢性肠道疾病而引起，以夜盲、干眼病、角膜角化、皮肤粗糙、皮屑增多、生长缓慢、繁殖机能障碍及脑和脊髓受压（表现为明显的神经症状，头颈向一侧歪斜，步样蹒跚，共济失调，不久即倒地并发出尖叫声）为特征。仔猪及育肥猪易发，成年猪少发。母猪维生素A缺乏症状见图7-163。

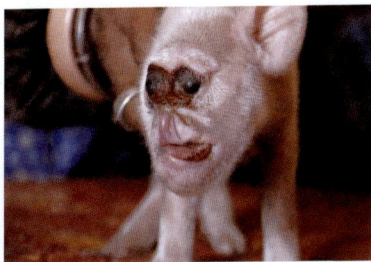

母猪缺乏维生素A时，则表现发情持续期延长，妊娠母猪往往引起流产、早产、产死胎或产瞎眼猪、畸形胎。

图7-163 维生素A缺乏母猪产畸形胎

【防治措施】

A.保证青绿饲料的供应，冬季可补饲胡萝卜等。

B.维生素A注射液，成年猪2万～5万国际单位，仔猪1万～2万国际单位，肌内注射，连用1周。维生素AD注射液，母猪2～5毫升，仔猪1～5毫升，肌内注射，隔日1次。鱼肝油，妊娠母猪15～40毫升，仔猪1～5毫升，拌料喂服，每天1次，连用10～15天。重病者还可以直接滴服浓鱼肝油，每天数滴，连续数日。对尚未吃食的仔猪，可灌服鱼肝油2～5毫升。

②维生素B_1缺乏症。初期病猪食欲不振，生长不良，腹泻，心跳加快，跛行（以后肢多见），多发性神经炎；后期出现肌肉萎缩，四肢麻痹，急剧消瘦等，最后死亡。

【防治措施】

A．日粮内应保证有麸皮、米糠等富含B族维生素的供应，不能单独喂玉米。多饲喂青绿饲料，亦可预防维生素B_1缺乏。

B．给病猪按每千克体重皮下注射或肌内注射硫胺素（维生素B_1）0.25～0.5毫克。

③维生素B_2（核黄素）缺乏症。病猪有生长迟缓、白内障及蹄腿弯曲、强直等症状（图7-164）。

猪维生素B_2缺乏时，时久者皮肤增厚，皮疹，有鳞屑，溃疡及脱毛。母猪表现食欲减退，不发情或早产，胚胎死亡和胚胎被吸收，泌乳能力降低等。

图7-164　猪维生素B_2缺乏症状

【防治措施】

在饲料中添加核黄素。猪的需要量为每天每千克体重6～8毫克，每吨饲料中补充2～3克核黄素（维生素B_2）即可满足需要。

④维生素B_{12}缺乏症。猪维生素B_{12}缺乏时主要表现为厌食，生长停滞，神经性障碍，应激增加，运动失调，以及后腿软弱，皮肤粗糙，身上有湿疹样皮炎，严重者出现贫血；仔猪生长发育不良，生殖能力降低等（图7-165）。

剖检可见肝细胞坏死及脂肪肝。

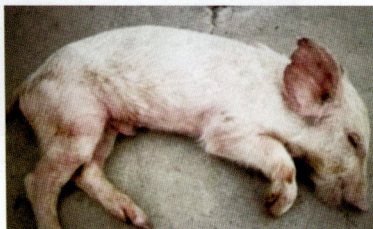

图7-165　猪维生素B_{12}缺乏症

【防治措施】

A.可在每吨饲料中补充维生素 B_{12} 1～5毫克。育肥猪和泌乳母猪，日粮中适量补充动物性蛋白质，如鱼粉或肉粉，可以满足其对维生素 B_{12} 的需要。

B.治疗时可肌内注射维生素 B_{12}，每头猪0.3～0.4毫升，隔日1次，连续3～5次。

⑤维生素D缺乏症。参见本书第265问。

⑥维生素E缺乏症。参见本书第266问。

268. 怎样防治仔猪消化不良？

根据临床症状和病程经过，仔猪消化不良通常分为单纯性消化不良和中毒性消化不良。

(1) 单纯性消化不良　主要表现为消化与营养的急性障碍和轻微的全身症状。患病仔猪精神沉郁，食欲减退或完全拒乳，腹泻，体温一般正常或低于正常。

(2) 中毒性消化不良　主要呈现严重的消化障碍和营养不良，以及明显的自体中毒等全身症状（图7-166）。

患病仔猪精神沉郁，食欲废绝，体温升高，反应迟钝，全身震颤，有时出现短时间的痉挛。严重腹泻，排水样粪便，粪便内含有大量黏液，有恶臭和腐臭味。久之，肛门松弛，皮肤弹性下降，眼球下陷，心跳加快，脉搏细弱，呼吸浅表而急速。急病后期，体温下降，最后昏迷而死亡。

图7-166　仔猪中毒性消化不良症状

【防治措施】

首先改善哺乳母猪的饲养环境，添加干燥、清洁的褥草等。为排出胃肠内容物，对腹泻不甚严重的仔猪，可内服甘汞（每千克体重0.01克）。为促进消化，可内服人工胃液（胃蛋白酶10克、稀盐酸5毫升、饮用水1 000毫升）10～30毫升。为防止肠道感染，可选用抗生素（链霉素、卡那霉素、土霉素、痢特灵、磺胺类药物）治疗。对持续腹泻不止的可内服止泻剂（如明矾、鞣酸蛋白、次硝酸铋等）。为防止仔猪机体脱水，可静脉注射或腹腔注射10%葡萄糖溶液或0.9%氯化钠溶液。

269. 怎样防治猪胃肠炎？

猪胃肠炎是由于各种致病因素刺激胃肠黏膜而引起的炎症。喂饲大量腐败、霉烂、变质、冰冻、刺激性的饲料和不干净的水，气温突变，长途运输等因素使猪体抵抗力降低，都能诱发本病。此外，本病还可继发于某些传染病、寄生虫病、中毒性疾病等。

初期病猪精神不振，食欲减退，喜饮冷水，时有腹痛、呕吐等症状，有舌苔，口气酸臭，结膜潮红，肠音增强，大便干燥，尿量减少。后期病猪以排稀粪为主要特征，粪便恶臭，并带有黏液、血液、脓汁，肛门和尾部附近被粪便污染（图7-167）。

随着病情的进一步发展，病猪肠音微弱或废绝，大便失禁，机体严重脱水，卧地不起，强行运动时行走摇晃，体质极度虚弱。若不及时治疗，死亡率往往增加。

图7-167　慢性胃肠炎病猪经常腹泻

【防治措施】

（1）加强饲养管理，增强机体的抵抗力，排除各种致病因素，预防本病发生。

（2）治疗时，首先服用硫酸钠、硫酸镁或液状石蜡等，以清除胃肠内容物。然后选用土霉素、磺胺脒等杀菌消炎。土霉素，每千克体重0.1克，内服，连续3～5天；磺胺脒，每千克体重0.1～0.3克，分2～3次内服，连续3～5天。对病情严重者，进行强心补液，可用生理盐水与5%葡萄糖溶液按2∶1或3∶1的混合液500～1 000毫升，静脉或腹腔注射；用10%安钠咖5～10毫升，皮下或肌内注射。

270. 怎样防治猪便秘？

猪吃了谷糠、稻糠和粉碎不彻底的粗而硬的饲料，以及饮水不足，运动量少，矿物质缺乏，或因异嗜吃下毛发团等，致使肠内容物停滞在某段肠管，造成肠管阻塞或半阻塞。另外，也常见于某些传染病（如猪瘟、猪丹毒）和寄生虫病（如蛔虫、姜片虫等感染）。

病猪有的表现食欲减退或不食，渴欲增加，胀肚，起卧不安；有的呻吟，呈现腹痛，常努责（图7-168）。

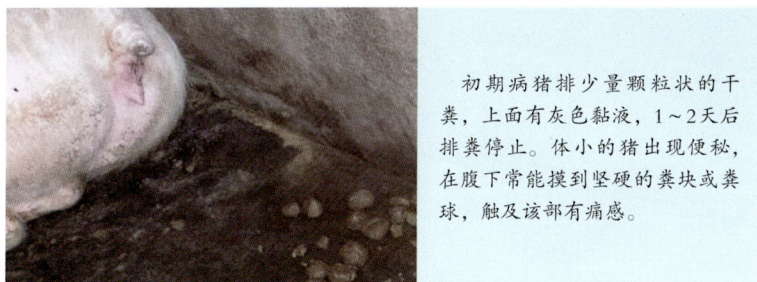

初期病猪排少量颗粒状的干粪，上面有灰色黏液，1～2天后排粪停止。体小的猪出现便秘，在腹下常能摸到坚硬的粪块或粪球，触及该部有痛感。

图7-168　猪便秘症状

【防治措施】

（1）首先解除病因，在大便未通前禁食，仅供给饮水。若肠道尚无炎症，可用蓖麻油或其他植物油50～80毫升投服；若有炎症，可灌服液体石蜡50～200毫升，或用温肥皂水深部灌肠。

（2）对于直肠便秘，应根据猪体的大小，用手指掏出。

（3）手术切开肠管，取出阻塞物。

（4）对于继发性便秘，应着重于原发病的治疗。

271. 怎样防治猪应激综合征？

猪应激综合征是猪受到不良因素刺激后而产生的非特异性应激反应（图7-169）。根据应激的性质、程度和持续时间，该病的表现形式有以下几种：

（1）**猝死性（或突毙）应激综合征**　猝死性（或突毙）应激综合征多发生于运输、预防注射、配种、产仔等受到强应激原的刺激时，猪并无任何临诊病征而突然死亡（图7-170），死后病变不明显。

图7-169　猪应激综合征

图7-170　运输过程中猪猝死

（2）**恶性高热综合征**（图7-171） 此类型多发于拥挤和炎热的季节，此时，猪死亡更为严重。

急性病例，外表良好，易呕吐，胃内容物带血，粪呈煤焦油状；有的胃内大出血，体温下降，黏膜和体表皮肤苍白，突然死亡。慢性病例，食欲不振，体弱，行动迟钝，有时腹痛，弓背伏地，排出暗褐色粪便。

图7-171 猪恶性高热综合征应激症状

（3）**白猪肉型**（即PSE猪肉） 病猪最初表现尾部快速颤抖，全身强拘而伴有肌肉僵硬，皮肤出现形状不规则的苍白区和红斑区，然后转为发绀。呼吸困难，甚至张口呼吸，体温升高，虚脱而死。死后很快尸僵，关节不能屈伸，剖检发现猪肉品质异常（图7-172）。

（4）**胃溃疡型** 猪受应激作用引起胃泌素分泌旺盛，形成自体消化，导致胃黏膜发生糜烂和溃疡，甚至胃壁穿孔，继发腹膜炎而死亡（图7-173）。

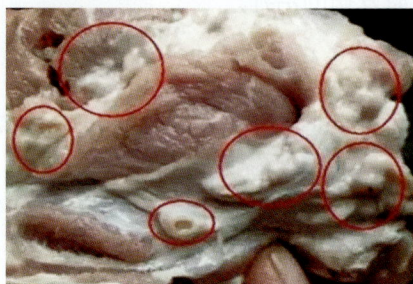

剖检可见某些肌肉色泽灰白，质地松软，无弹性，且表面有汁液渗出，也称白肌肉，或"水煮样"肉。此种肉不易保存，烹调加工质量低劣。

图7-172 PSE猪肉

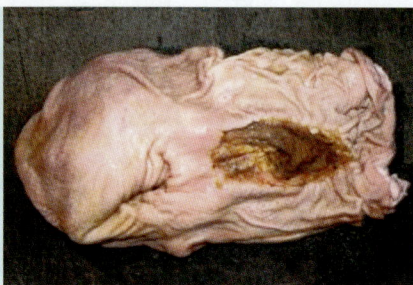

体温过高，皮肤潮红，有的呈现紫斑，黏膜发绀，全身颤抖，肌肉僵硬，呼吸困难，心搏过速，过速性心律不齐直至死亡。死后出现尸僵，尸体腐败比正常快。内脏充血，心包积液，肺脏充血、水肿。

图7-173 猪胃溃疡型应激症状

（5）**急性肠炎水肿型** 临诊上常见的仔猪下痢、猪水肿病等，多为大肠杆菌引起，与应激反应有关（图7-174）。因为在应激过程中，机体防卫功能降低，大肠杆菌即成条件性致病因素，导致非特异性炎性病理过程。

（6）**慢性应激综合征** 由于应激原强度不大，持续或间断反复刺激后，在猪体内形成不良的累积效应，故猪生产性能降低，防卫功能减弱，容易继发感染而引起各种疾病。

图7-174 急性肠炎水肿型应激症状

初期病猪表现不安，肌肉和尾巴震颤，皮肤有时出现红斑，体温升高，黏膜发绀，食欲减退或不良；后期肌肉僵硬，站立困难，眼球突出，全身无力，呈休克状态。严重的病例，无任何症状就突然死亡，大多数猪在1～1.5小时内死亡。

剖检可见绝大多数病猪肌肉苍白、质软，有水分渗出。

【防治措施】

（1）加强饲养管理，尽量减少或避免各种应激因素的刺激。

（2）治疗原则是镇静和补充皮质激素。如选用盐酸氯丙嗪作为镇静剂，剂量为每千克体重1～2毫克，一次肌内注射；或安定，每千克体重1～7毫克，一次肌内注射；或盐酸苯海拉明注射液，每头2～3毫升，肌内注射；5%碳酸氢钠注射液防止酸中毒，每头100毫升，静脉注射；也可选用维生素C、亚硒酸钠维生素E合剂、水杨酸钠和使用抗生素，以防继发感染。

272. 怎样防治猪中暑？

中暑是日射病和热射病的统称。日射病是指在炎热季节，猪放牧过久或用无盖货车长途运输，使猪受日光直射头部而引起脑充血或脑炎，导致中枢神经系统机能严重障碍。热射病是因猪圈内拥挤闷热、通风不良或用密闭的货车运输，使猪体散热受阻，引起严重的中枢神经系统机能紊乱所致（图7-175、图7-176）。

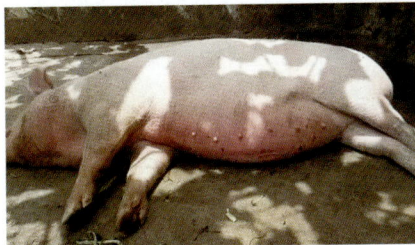

日射病患猪初期表现精神沉郁，四肢无力，步态不稳，共济失调，突然倒地，四肢做游泳样运动，呼吸急促，节律失调，口吐白沫，常发生痉挛或抽搐而迅速死亡。

图7-175 猪的日射病症状

热射病患猪初期表现不食，喜饮水，口吐白沫，有的呕吐，继而卧地不起，头颈贴地，神经昏迷，或痉挛、战栗。呼吸浅表间歇，极度困难，以致昏迷。

图7-176　猪的热射病症状

【防治措施】

（1）在炎热的季节，必须做好饲养管理和防暑工作。栏舍内要保持通风、凉爽，防止潮湿、闷热、拥挤。生猪运输尽可能安排在晚上或早上，并做好各项防暑和急救工作。

（2）发现病猪立即将其置在阴凉、通风的地方，先用冷水或冰水浇头颈部，或用冷水灌肠；同时，给予饮用大量的1%～2%的凉盐水，并用5%葡萄糖生理盐水200毫升、20%安钠咖溶液5毫升静脉注射。伴发肺脏充血及水肿的病猪，先注射20%安钠咖溶液5毫升，立即静脉放血100～200毫升，放血后用复方氯化钠溶液100～300毫升，静脉注射，每隔3～4小时重复注射1次；对狂躁不安、心跳加快的病猪，可皮下注射安乃近10毫升。

（3）十滴水药物10～20毫升，一次内服，每天2次，并配合上述药物，对治疗育肥猪的中暑效果明显。

273. 怎样防治猪感冒？

猪感冒是指以上呼吸道炎症变化为主的急性全身性疾病，无传染性，主要是受寒而引起，多发生于气候多变的早春和晚秋（图7-177）。

病猪主要表现精神沉郁，食欲减退，鼻镜干燥，体温升高到40℃以上，畏寒战栗，眼红多眵，流泪，舌苔发白，鼻流清液，咳嗽，呼吸加快，脉搏增数等症状。

图7-177　猪感冒症状

【防治措施】

（1）加强饲养管理，防止猪受寒，气温骤变时应及时防寒。

（2）可肌内注射3%安乃近溶液5～10毫升，每天1～2次。为防止继发感染，可肌内注射氨苄青霉素0.5克，或复方新诺明注射液，每千克体重0.07克，每天2次，连用2～3天；对排粪迟缓的可投服缓泻剂，如人工盐50～100克、硫酸镁50～80克。

274. 怎样防治猪支气管炎？

猪支气管炎主要是支气管黏膜表层或深层的炎症，多因猪舍狭小、猪群拥挤、气候突变等，致使猪吸入有刺激性的空气而发病；也可继发于感冒、肺炎、喉炎、流感等疾病。本病多发生于早春、晚秋季节和气候变化剧烈时，以仔猪的发病率较高，主要症状是咳嗽（图7-178）。

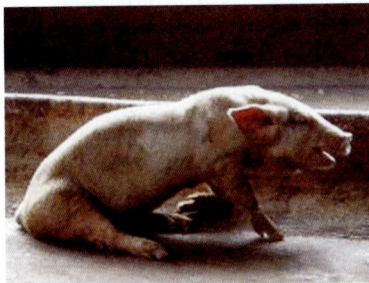

病初病猪表现为干性咳嗽，3～4天后随渗出物的增多则变为湿性咳嗽。初期呈浆液性鼻漏，以后变为黏液性或黏液脓性。重者食欲降低，呼吸困难，体温升高。若转为慢性，则病猪体温一般无变化，主要表现为持续咳嗽、流涕，症状时轻时重，日久消瘦。

图7-178　猪支气管炎症状

【防治措施】

（1）保持猪舍清洁和通风良好，防止猪群拥挤，注意保温，预防感冒。

（2）抗菌消炎，青霉素1万～1.5万国际单位，肌内注射，每天2次；或盐酸土霉素，每千克体重5～10毫克，用5%葡萄糖溶液溶解后肌内注射；或10%磺胺嘧啶钠注射液，肌内注射，首次量30～60毫升，以后每6～12小时注射20～40毫升，每天1～2次。祛痰止咳，复方甘草合剂10～20毫升，内服，每天2次；或氯化铵、碳酸氢钠各10克，分为2包，每天内服3次，每次1包。止喘，3%盐酸麻黄素溶液1～2毫升，肌内注射。

275. 怎样防治猪风湿病？

猪风湿病是一种原因不明的慢性病，全年均可发生，尤其是在冷湿天气、寒风、贼风侵袭，猪圈潮湿，猪运动量不足及饲料急骤变换等情况下容易发病。仔猪多发。

该病主要侵害猪的背、腰、四肢肌肉和关节，同时也侵害蹄、心脏及其他组织和器官（图7-179）。

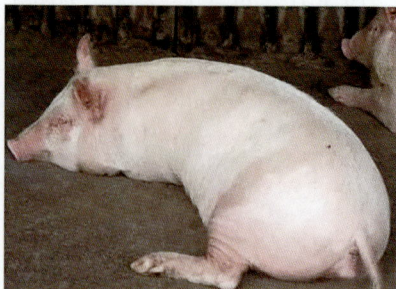

病猪肌肉及关节风湿，往往突然发生，先从后肢开始，逐渐扩大到腰部以至全身，患部肌肉疼痛，走路跛行，或弓腰走小步。病猪常喜卧，驱赶时勉强走动，但跛行往往随运动量的增加而减轻。

图7-179 猪风湿病的症状

【防治措施】

（1）垫草要经常换晒，圈舍要保持清洁干燥，堵塞猪圈内小洞，防止仔猪在寒冷季节淋雨。

（2）治疗可用2.5%醋酸可的松注射液5～10毫升，肌内注射，每天2次；或醋酸氢化可的松注射液2～4毫升，关节腔内注射，每天1次，连续3天。在疾病初期，可用复方水杨酸钠注射液10～20毫升，耳静脉注射；10%水杨酸钠注射液和当归注射液各10毫升，静脉注射，每天2次，连用2～4天。

276. 怎样防治猪直肠脱（脱肛）？

猪营养不良，长期腹泻、便秘、强烈努责等而引起直肠后段全层肠壁脱出肛门外称直肠脱，仅部分直肠黏膜脱出肛门之外称为脱肛。以2～4月龄仔猪多发。

病初仅在猪排粪后直肠黏膜脱出，呈鲜红色球状突出物，黏膜呈轮状皱缩，但仍能恢复（图7-180）。

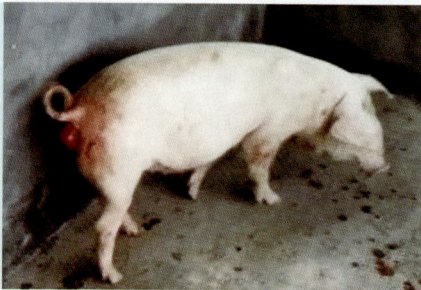

如果病因未消除而再次脱出，脱出时间稍长，黏膜发生水肿；以后水肿液流出，污秽不洁，并沾有泥土、垫草；黏膜干裂，呈暗红色、紫色，最后变为灰色。如后段直肠全层肠壁脱出，则在肛门后面形成向下垂的暗红色圆柱状突出物。

图7-180 猪直肠脱症状

【防治措施】

（1）给2～4月龄小猪饲喂柔软的饲料，保证有足够的蛋白质和青绿饲料，平时应适当给予运动，饮水要充足。

（2）在发病初期，可用2%明矾水或0.3%高锰酸钾溶液，将脱出的直肠冲洗干净，然后将脱出的部分慢慢地用食指送回。为了防止再脱出，可行肛门的袋口缝合，收紧缝线时留出一指粗的排粪口，打成活结，随时调整肛门孔的大小。也可以在距肛门边1～2厘米处，分左、右、上三点，各注射95%酒精3～5毫升，使局部组织肿胀，借以达到固定的目的。

（3）脱出的部分若已水肿坏死，可先用3%明矾水冲洗局部；再用针乱刺水肿的黏膜，并取纱布扎紧，以便挤出水肿液，清除干净坏死的黏膜，撒上少量明矾粉，最后把脱出的直肠末端轻轻地送入肛门内。手术后，猪要单独饲养，少吃多餐，料要稀。若不见排粪，则立即用温的肥皂水灌肠。如果直肠坏死严重，则要采取直肠摘除手术。

277. 猪咬尾怎么办？

猪咬尾症，又称为"反不适综合征"。引起猪咬尾的原因有很多，如在情绪变化时咬尾；饲料中营养不全面不平衡，尤其是矿物质缺乏时会引起咬尾；饲养密度过大、猪舍内空气污浊（空气中氨和二氧化碳过高），温度、湿度过高时咬尾；同圈猪个体差异过大，猪相互串圈，气味不同时会发生咬尾；有体内、体外寄生虫感染时咬尾；季节变化时也会发生咬尾（图7-181）。

猪发生咬尾，轻者把尾巴咬剩半截，重者把尾巴咬光，有些猪还会咬耳朵或腹部。被咬伤部位如不及时处理治疗，可引起伤口感染，造成局部炎症和组织坏死，胴体品质降低，猪甚至因治疗不及时而死亡。

图7-181 猪咬尾症状

【防治措施】

（1）在被咬猪的尾部或患部厚涂鱼石脂软膏。

（2）向全群猪鼻孔内喷洒70%酒精，每隔3小时1次。

（3）用来苏儿或含氯的消毒剂消毒猪舍，每天喷洒2遍。

（4）饲料中另加0.4%～0.5%食盐、0.3%～0.5%碳酸氢钠溶液，连喂2～3

天，饮水要充足。

（5）饮水中加氨基多维或复合多维，连用7天。

（6）在圈内撒一些盐粒或碎的新砖头。

（7）在圈内放置皮球让猪玩耍，以转移其目标。

（8）在圈内悬挂一块铁板，在其旁挂一根铁棒，让猪拱玩。

（9）保证猪群饲养密度适中。

（10）给新生仔猪断尾。

278. 猪发生脐疝怎么办？

猪脐疝可分为可复性（图7-182）与嵌闭性两种。

可复性脐疝：在猪的脐部外表有一囊状物，大小不一，有一定的伸缩性，质度柔软，无热痛，能把脱出物还纳进腹腔，同时可摸到脐带轮。

图7-182　猪可复性脐疝症状

嵌闭性脐疝：病猪表现不安，并有呕吐。初期尚有粪便，以后停止排粪，囊状物较硬，有热痛，脱出物只能部分还纳或完全不能还纳。若不及时进行治疗，则治疗效果不佳。

【防治措施】

对于可复性脐疝，有的可自愈。若疝囊过大，跟嵌闭性脐疝一样，则要进行手术治疗。术前应停食一天，一般采取仰卧保定，术部剪毛，洗净，先用5%碘酒消毒，然后用75%酒精涂擦脱碘，一般不用麻醉（图7-183）。

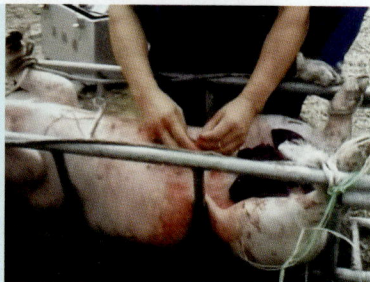

纵向提起疝囊皮肤，避开阴茎（公猪），切开皮肤（不要切破腹膜），剥离疝囊后将疝囊连同内容物还纳腹腔，用手指或镊子等抵住轮口，防止脱出；用刀背轻刮脐带轮，使其出血形成新鲜创面，便于愈合。用较粗丝线，对脐带轮行间断结节缝合，撒上消炎粉。最后皮肤作结节缝合，用绷带包扎。

图7-183　猪脐疝手术

若肠管与疝囊发生粘连，则在疝囊上切一小口，细心剥离。当发生嵌闭性脐疝时，切开疝囊后注意检查肠管的颜色变化。如发现肠管坏死，则应将坏死的肠管切除，行肠管断端吻合，再闭合疝轮。

手术完毕，向腹腔内注入青霉素、链霉素和0.25%普鲁卡因溶液，以防止肠粘连。手术后要加强护理，防止切口污染。病猪在1周内喂食量减少1/3，以防止腹压过大，造成缝合裂口。

279. 猪发生腹股沟阴囊疝怎么办？

由于猪先天性腹股沟管异常扩大，或在跳跃、爬跨、有外伤等因素下，腹股沟管扩大，肠管落入腹股沟管而落入疝囊内，此称为腹股沟阴囊疝，多见于小公猪。发病后，可见猪两后肢之间有一拳头大甚至小儿头大的阴囊疝，病猪无痛感，运步时两后肢张开。将猪倒提时，疝囊消失。倘若发生肠管嵌顿，则不易还纳，并有呕吐和便秘症状。

【防治措施】

较小的疝囊可待自愈，过大的必须尽快施行手术，使内环缩小或使腹股沟管闭锁。手术方法有两种，一是结扎总鞘膜法；二是缝合腹股沟内环法。

（1）结扎总鞘膜法　将猪进行倒立保定，阴囊皮肤用肥皂水洗刷干净、涂碘酊消毒后，在患侧切开阴囊皮肤和皮肤下的内膜（不切开总鞘膜），用手隔离总鞘膜将睾丸抓起，另一只手分离总鞘膜，然后尽量靠近深部（接近外环处），用丝线将总鞘膜连同其内的精索一同贯穿结扎，再用止血钳夹住结扎处的精索，距结扎线外方1厘米处剪断精索，除去睾丸。旋转止血钳数周，然后用丝线将精索断端缝合固定在周围的组织上，堵塞腹股沟管。

（2）缝合腹股沟内环法　倒立保定病猪，切口位置是从髋结节作腹中线的垂线并与腹中线相交，从交点向患侧旁2厘米处，开约4厘米长的切口（图7-184）。

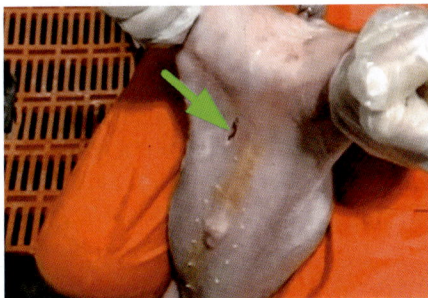

术部皮肤消毒后，切通腹壁，可看到腹腔内扩大的内环，将扩大的内环作2～3针结节缝合，最后缝合腹壁切口，局部消毒。

图7-184　缝合腹股沟内环法

280. 怎样治疗猪的外伤（创伤）?

猪的外伤又称为闭合性外伤或开放性外伤。

闭合性外伤局部有红、肿、痛，白色猪可见损伤部皮肤呈暗红或青紫色；开放性外伤可见皮肤裂开或创口，脏器也可能发生损伤（图7-185）。若继发感染，则会出现全身性反应，如体温、呼吸、脉搏变化等。

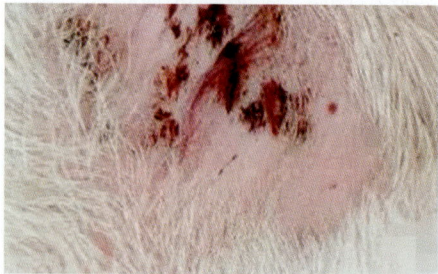

图7-185 猪皮肤开放性外伤

【防治措施】

发现外伤应及时处理。对开放性伤口应将创伤上的污物（被毛、草屑等）及坏死组织清除，再用0.1%高锰酸钾或0.05%新洁尔灭溶液等冲洗消毒，撒上消炎粉或涂擦一些消炎膏。对较深的创伤，冲洗后用纱布条浸泡0.1%雷夫奴尔溶液，塞进伤口内作引流，直至伤口无炎性渗出物且肉芽增生良好为止。闭合性外伤可直接涂抹5%碘酊或鱼石脂软膏等。

281. 断奶后母猪延迟发情怎么办？

对那些在仔猪断奶10天后迟迟不发情的母猪，可采取以下措施催情与促使排卵。

（1）诱情 每天早晚用公猪追逐或爬跨母猪，或把不发情的母猪放在公猪圈内混养。

（2）乳房按摩 分表皮按摩与深层按摩两种（图7-186）。一般在每天早饲后，表层按摩10分钟；母猪发情后，表层按摩与深层按摩各持续5分钟；交配前的当天早晨，改为深层按摩10分钟。

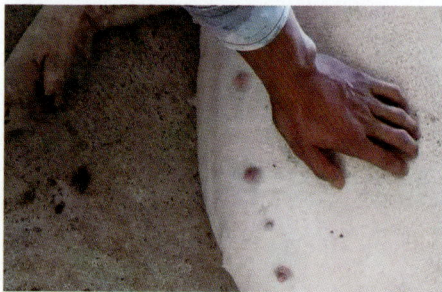

表层按摩时，在每排乳房的两侧前后反复抚摩（不许碰奶头），以促使母猪发情。深层按摩是轻捏每个乳房周围（不捏奶头），以促使母猪排卵。

图7-186 按摩母猪乳房

（3）**药物催情** 皮下注射孕马血清，每天1次，连续2~3天。第1次5~10毫升，第2次10~15毫升，第3次15~30毫升，注射后3~5天母猪即可发情。绒毛膜促性腺激素，体重75~100千克母猪，一次肌内注射500~1000单位。中药可用淫羊藿50~80克、对叶草50~80克，水煎后内服，每天1剂，连服2~3天。

（4）**药物治疗** 对因患轻度子宫炎和阴道炎而配不上种的母猪，可采用25%高渗葡萄糖液30毫升，加青霉素100万单位，输入母猪子宫内，半小时后再配种。

282. 引起母猪流产的原因有哪些？

（1）营养不良，即妊娠母猪日粮中严重缺乏蛋白质、维生素与矿物质。

（2）母猪过肥、过瘦。过肥母猪子宫周围沉积的脂肪较多，或子宫不能随胎儿的生长发育而扩张，从而压迫子宫造成供血不足，限制了胎儿的生长发育。过瘦主要是营养不良造成的。

（3）公、母猪高度近亲繁殖，使胚胎的生活力下降。

（4）突然给妊娠母猪改变饲料时易产生应激反应。

（5）冬季或早春季节给母猪饲喂冰冻饲料或饮冰水。

（6）妊娠母猪长期睡在阴冷、潮湿的猪圈内。

（7）管理不当，如放牧运动时妊娠母猪滑跌、咬架、跳沟，以及打冷鞭、追赶过急、踢猪等；猪圈太拥挤、猪争食挤压等；猪圈地面高低不平，胎儿受到不正常的挤压；妊娠早期使用有刺激性药物或给妊娠母猪打针应激。

（8）妊娠母猪患某些高热性疾病，如猪瘟、猪丹毒、猪流感、猪肺炎、其他败血症等。

（9）妊娠母猪患疥癣、猪虱或湿疹，由于奇痒而经常用力蹭痒。

（10）各种中毒，如霉菌中毒、棉籽饼中毒、菜籽饼中毒、由酸度过大的青贮饲料或酒糟造成的酸中毒、各种剧毒农药中毒等。

283. 母猪难产怎么办？

母猪的难产多为产力性难产，即分娩时子宫及腹壁的收缩次数少，时间短和强度不够（阵缩及努责微弱），致使胎儿不能排出（图7-187）。

【助产技术】

对于母猪难产的助产，应熟练掌握"六字"措施，即推、拉、掏、注、针、剖。

（1）**推** 接产人员用双手托住母猪的后腹部，伴随母猪的努责，向臀部方向用力推。

有时胎儿的头或四肢已露出阴门外，母猪无力产出；有时经产道检查，可摸到子宫角深处有胎儿。由于子宫收缩力弱，故胎儿仍保持血液循环。起初胎儿还活着，但如久未发现母猪分娩而不助产，胎盘循环减弱，胎儿即会死亡，子宫颈口也将缩小，此时必须进行助产或剖宫产。

图7-187　母猪难产

（2）拉　在母猪阴道内，能看见仔猪的头或腿时，助产者可用手抓住仔猪的头或腿把仔猪拉出来（图7-188）。

（3）掏　母猪较长时间努责而产不出仔猪时，可用手（5个手指呈锥形）慢慢伸入阴道内掏出仔猪。当掏出1头仔猪，母猪由难产转为正产时则不要再掏（图7-189）。掏完后用手把40万单位青霉素抹入母猪阴道内，以防患阴道炎。

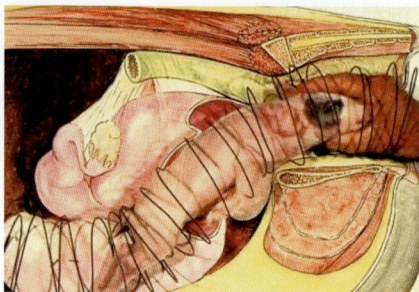

图7-188　母猪难产助产术——拉

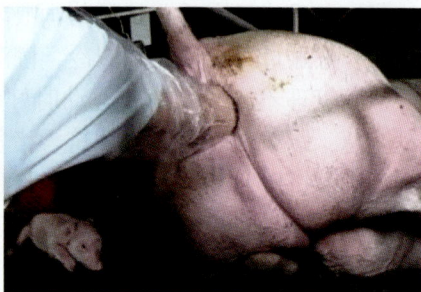

图7-189　母猪难产助产术——掏

（4）注　给母猪肌内注射垂体后叶激素3～5毫升。

（5）针　针刺百会穴。

（6）剖　以上措施都采用而母猪仍产不出仔猪时，应立即做剖宫产手术取出胎儿。

284. 母猪生产瘫痪怎么办？

临床上母猪生产瘫痪包括产前瘫痪和产后瘫痪。母猪产前瘫痪，多在产前数天或几周（图7-190）。产后瘫痪，多在产后半个月内发生，母猪少食或拒食，奶少，后躯无力，站立不稳；继而卧地不起，后半身麻痹。严重病例常有昏迷症状，体温一般正常。

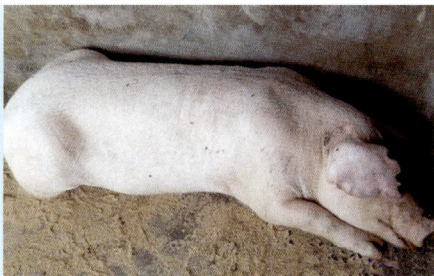

产前瘫痪时，母猪常突然起立与步态困难，肌肉颤抖，前肢爬行，后肢摇晃，驱赶时有尖叫声，逐渐卧地不起，对外界刺激的反应很弱或完全丧失。

图7-190 母猪产前瘫痪

【防治措施】

（1）平时在妊娠母猪饲料中要适当添加钙磷制剂，多给母猪饲喂鱼粉、骨粉等，经常晒太阳，给其供应足够的青绿饲料。

（2）治疗时可肌内注射维丁胶性钙10～30毫升，每天1次，连续3～4天；也可用10%～20%葡萄糖酸钙50～150毫升或10%氯化钙溶液20～50毫升，加入5%糖盐水200～500毫升静脉注射，每天1次；也可将骨头、鸡蛋壳烤干后碾成粉末，每顿用15克拌入饲料中饲喂。

285. 母猪产后患子宫内膜炎怎么办？

急性患猪，阴道内流出污红色黏液或黏脓性分泌物。病重猪的分泌物呈红褐色，有臭味，病猪常呈排尿姿势。慢性患猪症状不明显（图7-191）。

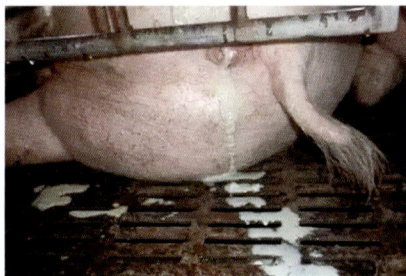

慢性病猪症状不明显，一般不定期地从阴道排出浑浊的黏性分泌物；发情不正常，有时假发情，屡配不孕。

图7-191 母猪慢性子宫内膜炎症状

【防治措施】

（1）为清除子宫内的渗出物，可每天用消毒液（如0.1%高锰酸钾溶液、0.05%新洁而灭等）冲洗子宫一次，导出冲洗液后再向子宫腔内注入抗生素，如青霉素、链霉素等。

（2）为防止感染扩散，可肌内注射青霉素、链霉素或静脉注射新霉素、四环素。磺胺类药物以磺胺二甲基嘧啶为适宜，但用量要大并连续使用，直到体温降至正常并维持2～3天为止。

（3）为增强机体抵抗力，可静脉注射含糖盐水；补液时可添加5%碳酸氢钠溶液及维生素C，以防止酸中毒及补充所需的维生素。

286. 母猪产后缺乳或无乳怎么办？

由于母猪泌乳量减少，仔猪吃奶次数增加但仍吃不饱，仔猪常叼住母猪奶头不放，并发出叫声，甚至咬伤奶头。因此，母猪常拒绝仔猪吃奶，并用鼻子拱或用腿踢仔猪。仔猪吃不饱时，严重者可被饿死（图7-192）。

母猪奶水少或没有奶水，仔猪吃奶时次数增加，甚至咬伤奶头；由于疼痛，故母猪常卧在地上不让仔猪吃奶。

图7-192　母猪卧地而不让仔猪吃奶

【防治措施】

（1）加强饲养管理，给母猪饲喂营养全面且易消化的饲料，同时适当增加青绿多汁饲料的喂量。

（2）对发病母猪，可内服催乳灵10片或妈妈多10片，每天1次，连用2～3天。或将胎衣用水洗净，煮熟切碎，加适量食盐混入饲料中分3～4饲喂；或用鱼、虾、蛤蜊煮汤掺食饲喂。中草药王不留行40克，穿山甲、白术、通草各15克，白芍、黄芪、党参、当归各20克研成碎末，混入饲料中饲喂或水煎加红糖灌服。对体温升高、有炎症的母猪，可肌内注射青霉素、链霉素或磺胺类药物。

287. 母猪产后不食或食欲不振怎么办？

母猪产后不食或食欲不振，主要是由饲料单一，母猪产仔时间过长，过度疲劳；或产后喂料太多，母猪出现顶食；或母猪吞食胎衣，引起消化不良；产道感染，体温升高，内分泌失调所致（图7-193）。

【防治措施】

（1）母猪妊娠后期应保持较好的膘情，在哺乳期第1个月要加强营养，使母猪不能掉膘太快。

母猪表现食欲降低，仅喝点清水或吃少量的青绿饲料，尿少而黄，粪便较干燥，乳汁分泌量减少。

自从妈妈生下我们就开始拒食，我们没有奶吃，好饿呀！

图7-193　母猪产后不食，卧地不起

（2）治疗时可选用胃复安，每千克体重1毫克，肌内注射，每天1次，连续3天。在病初可用催产素、氢化可的松常量肌内注射，同时内服十全大补汤。后期用25%葡萄糖溶液500毫升、三磷酸腺苷40毫克、辅酶A 100单位静脉注射；也可用猪苦胆1个、醋100毫升，将猪苦胆汁先用水和匀，再加入醋调匀，灌服；或用中药补中益气汤，外加炒麻仁30克、大黄10克、芒硝30～50克，煎汤灌服。

288. 怎样防治母猪不孕症？

母猪不孕症是母猪生殖机能发生障碍，引起暂时或永久不能繁殖的疾病。病猪表现发情无规律或是长时间不发情，性欲缺乏或显著减退，无明显的发情症状。有的虽然发情正常，但屡配不孕。

【防治措施】

（1）对母猪建立合理的饲养管理制度，防止母猪过肥或过瘦，老龄母猪不宜作为种用时应及时淘汰育肥；对有生殖器官疾病的母猪应及早治疗，对久治不愈者，予以淘汰。

（2）对不发情或发情不正常的母猪，可肌内注射三合激素注射液2～4毫升，或绒毛膜促性腺激素500～1 000单位，或苯甲酸雌二醇注射液2～4毫升；或皮下注射孕马血清10～15毫升。

289. 怎样治疗母猪的乳腺炎？

母猪的乳腺炎主要是由母猪腹部受到损伤，或仔猪吃奶咬伤奶头，或母猪圈舍不清洁或伤口感染细菌（链球菌、葡萄球菌等）所致。

母猪乳腺炎常常是一个或几个奶包发病，有时波及全部奶包（图7-194）。初期乳汁稀薄，内混有絮状小块；以后乳少而变浓，混有白色絮状物。有时带血丝，甚至变为黄褐色浓液，有臭味。严重者，乳房溃疡，停止泌乳，个别病例体温升高，出现全身症状。

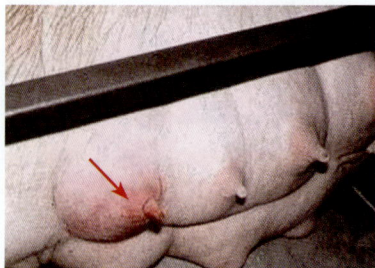

母猪患乳腺炎时（箭头所示），患区呈炎性反应，皮肤红热、肿胀、发硬；严重者全部奶包和腹下红热胀硬，触摸患部疼痛，并伴有全身症状，体温升高，不食，拒绝给仔猪哺乳，可从奶头挤出水样含絮片的分泌物，有的乳汁中有数量不等的脓汁。

图7-194 母猪乳腺炎

【防治措施】

（1）**乳房内注入药液疗法** 先挤干净病乳区内的分泌物和乳汁，然后向每个奶头徐徐注入含青霉素20万～30万单位、链霉素0.2～0.3克的0.25%普鲁卡因溶液20毫升。如果乳腺内分泌物过多或乳汁变化较大，可先注入适量防腐消毒剂（如0.2%高锰酸钾溶液等），停留数分钟挤出，再注入抗菌药物。

（2）**乳房基部封闭疗法** 用青霉素40万单位，溶于0.25%普鲁卡因溶液90～50毫升中，在患病乳房基部注射，每天1～2次。

（3）**全身疗法** 对于病情较重、全身症状明显的母猪，可以青霉素与链霉素、青霉素与新霉素联合应用。

（4）**温敷疗法** 对于非化脓性乳腺炎的急性炎症患病母猪，可用毛巾或纱布等浸上38～42℃药液，敷在患病乳房上，每次30～60分钟，每天2～3次。常用药液有1%～3%醋酸铅溶液等。对乳房硬结处可用鱼石脂软膏或余氏消炎膏等外敷。

290. 怎样进行母猪的剖宫产手术？

（1）**适应证**

①过早配种的母猪骨盆腔狭窄、助产不当引起产道高度水肿、子宫颈与阴道瘢痕收缩、子宫扭转、子宫疝或分娩过程中子宫破裂等，都可进行剖宫产手术。

②因母猪患严重疾病而胎儿已足月，或因母猪年老而胎儿又属品种后代，为留下珍贵仔猪可进行剖宫产手术。

（2）**术前准备**

①药物、器械及敷料准备。药物包括5%碘酊、75%酒精、0.5%盐酸普鲁卡因注射液、10%安钠咖注射液、0.1%新洁尔灭溶液、青霉素、链霉素、生理盐水；器械有手术刀、手术剪、手术镊、持针钳、止血钳、缝合针、缝合线、创钩、创布钳；敷料有创布、纱布、塑料布、橡胶手套等。

②场地准备。手术最好在手术室内进行，如在室外施术，则要选择平坦、避风、光线良好的场所，地面要喷洒消毒液，铺以褥草并覆盖席子或塑料布。

（3）保定与麻醉

①保定。一般采用侧卧保定，将母猪的上、下颌用绳索缠缚，以免伤人。

②麻醉。一般用0.5%普鲁卡因溶液作局部浸润麻醉，用量一般在100～200毫升，凶暴的母猪可用氯丙嗪肌内注射给予镇静。

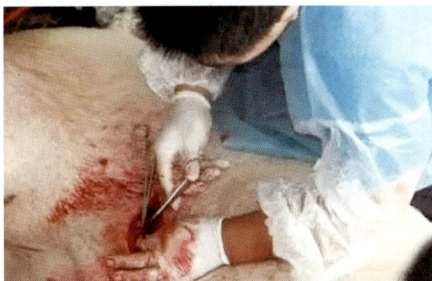

（4）切口定位　对母猪进行剖宫产手术时，通常采用腹侧壁斜切口，即在髋结节下角至脐部连线的中点处作一长10～15厘米的切口（图7-195）。

图7-195　母猪剖宫产切口定位

（5）手术方法

①切开腹壁，引出子宫（图7-196）。

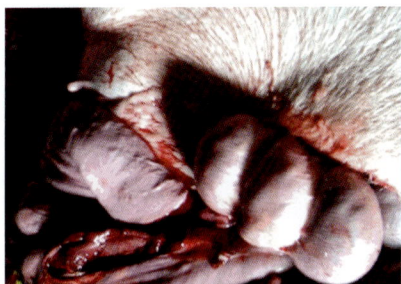

分层切开腹壁，用大块灭菌纱布堵塞切口。术者手伸入腹腔探查子宫角，隔着子宫壁用手抓住胎儿的某一部位将其牵引至切口外。将一侧子宫角全部引出，直至显露卵巢，将引出的子宫角置于切口之外的灭菌创布上，并用温盐水纱布覆盖。

图7-196　母猪剖宫产手术

②切开子宫，取出胎儿。子宫角切开后充分止血，手经切口先将楔入骨盆腔内的难产胎儿取出。正生胎儿用中指与拇指捏住眼眶牵引。倒生时，用中、拇指捏住后肢蹄部拉出。如取子宫角顶端的胎儿，术者可一只手扒送胎儿臀部，另一只手于子宫壁外缓慢地将子宫壁向胎儿后躯推移，如此反复操作可将胎儿逐渐移近切口。切记不可用挤牙膏的方式将胎儿挤到切口处，也不要将手伸入子宫腔内牵引，以免撕裂子宫壁。将一侧子宫角内胎儿取完后，如母猪淘汰作为育肥猪使用，则结扎卵巢系膜后切除卵巢。

③缝合子宫和腹壁切口。一侧子宫角的胎儿取完后，清理子宫壁上的血污，并进行缝合。第一层用全层连续缝合法，第二层用浆肌层包埋缝合法。缝合完毕，用0.1%新洁尔灭溶液或生理盐水进行子宫冲洗，冲洗液不可流入腹腔内，以防发生腹膜炎。最后在子宫壁切口缝合处涂以抗生素软膏，将子宫还

纳于腹腔内。另一侧子宫角做同样操作（图7-197）。

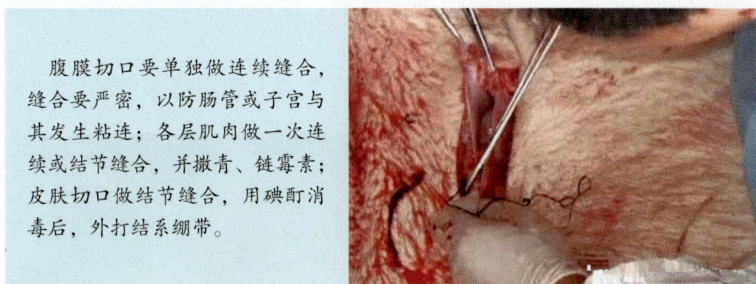

图7-197 母猪剖宫产腹壁缝合

腹膜切口要单独做连续缝合，缝合要严密，以防肠管或子宫与其发生粘连；各层肌肉做一次连续或结节缝合，并撒青、链霉素；皮肤切口做结节缝合，用碘酊消毒后，外打结系绷带。

(6) 术后护理 术后根据母猪的全身情况，可给予强心、补液与抗生素治疗。注射垂体后叶激素，可促进子宫复旧。为防止子宫内膜炎、腹膜炎和内脏粘连，可注射抗生素，如青霉素、链霉素等药物，每天2次，连用5~7天。加强饲养管理，保持猪舍干燥卫生，防止伤口感染。

第八章

家庭猪场的经营管理

291. 猪场经营管理的基本内容有哪些？

猪场经营管理的内容涉及面广。就猪场内部生产而言，主要内容包括计划管理、劳动管理、财务管理、经济核算、技术及经济活动分析、市场预测、经济合同、保险业务和科学决策等。

292. 如何科学合理地确定猪群结构？

猪群结构是指各类群的猪在全部猪群中所占的比例。为了保证猪场生产顺利发展，降低饲养成本，提高养猪经济效益，必须科学合理地确定猪群结构。

（1）必须根据猪场的生产任务，即出栏商品猪或提供仔猪的数量，确定基础母猪的饲养量。可按每头基础母猪年产2胎、每胎提供育成仔猪8～10头（平均9头）、育肥期成活率96%～98%（平均97%）的比例倒推，即：

$$出栏任务 \div 97\% = 育成仔猪数$$
$$育成仔猪数 \div 9头 \div 2胎 = 基础母猪数$$

（2）注意公、母猪的比例（图8-1）。

公、母猪比例 { 自然受精，则公、母猪比为1：（20～30）／ 人工交配，则公、母猪比为1：（100～200）

图8-1　公、母猪比例

（3）后备公、母猪的选留比例，可分别按占基础母猪及种公猪的50%安排，基础母猪及种公猪淘汰率为25%～30%。因此，后备猪的选留比例也可按每年或应淘汰和补充的基础母猪数的1～2倍掌握，品质优良的青壮年（1.5～4岁）公、母猪在基础母猪群中应保持80%～85%的比例。

293. 养猪为什么要进行市场预测？

大多数家庭猪场所经营的均是商品猪，因此必须积极开展市场预测工作。

只有对未来的市场行情、猪产品供需等方面进行科学的预测，才能做到心中有数，确定适当的经营目标，制订比较合理的规划和计划。

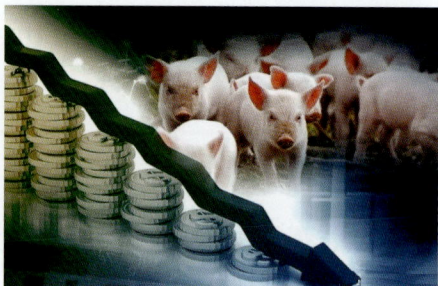

294. 怎样进行市场预测？

要进行市场预测，经营者必须懂得一些有关生猪市场营销的知识和行情。掌握市场的动向有三个方面：一是一个时期（几个月甚至几年）生猪生产总的发展趋势和市场趋向；二是当前全国生猪总的市场动向；三是生猪产区当地市场动向。

养殖户习惯通过看仔猪价格的涨落来观察市场动向，认为仔猪价好，养猪者多，于是市场上仔猪供不应求；相反，仔猪跌价、烂市，说明养猪户不愿多进猪、养猪，将会出现生猪供过于求的情况。在养猪过程中，仅根据仔猪的价格判断是不够的。因为销售生猪不仅限于产区市场，还与全国市场甚至国际市场有密切关系。

295. 如何判断猪周期？

猪周期是一种经济现象，猪肉价格高会刺激养殖户的积极性，造成供应量增加，这会造成肉价下跌，损伤养殖户的积极性；反过来又会造成供应量短缺，使得肉价上涨。周而复始，这就形成了所谓的"猪周期"。每一轮猪周期维持3～4年。

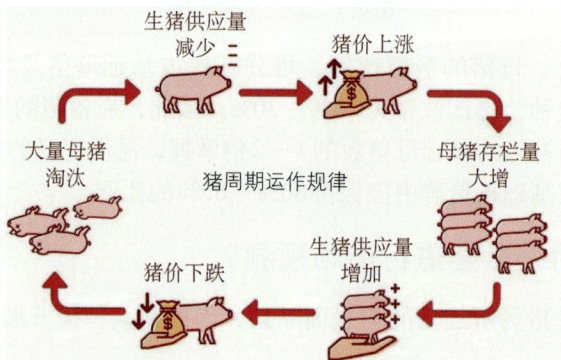

296. 家庭猪场为什么要进行成本核算？

（1）与农户副业养猪不同，家庭猪场养猪不是为了肥田，而是用以换取尽可能多的利润。如果养猪盈利少，不合算，他们就会少养猪，以至不养猪。

（2）在市场经济条件下，养猪者之间的竞争更加激烈，于是经营管理问题也更为突出。在这种情形下，谁经营得好，谁就能适应市场需要，取得更多的经济效益。

（3）通过成本核算，经营者能不断考核自己的经营成果，发现存在的问题，寻找解决问题的科学依据，提出今后发展养猪的最佳方案，提高经济效益。

297. 怎样做猪群成本核算？

（1）活重成本核算

猪的全年活重总成本＝年初存栏猪的价值＋购入及转入猪的价值＋全年饲养费用－全年粪肥价值

（2）总增重成本核算　计算每增重1千克的成本，应先计算出猪群的总增重，再计算其每增重1千克的成本。

猪群的总增重＝期内存栏猪活重＋期内离群猪活重（包括死亡）－期内购入、转入和初期结转猪的活重

（3）成年猪群成本核算

生产总成本＝直接费用＋共同生产费用＋管理费用

产品成本＝生产总成本－副产品收入

单位产品成本＝产品成本÷产品数量

（4）仔猪成本核算　仔猪成本核算包括基础母猪和种公猪的人工饲养费用，一般以断奶仔猪活重总量除以基础猪群的饲养总费用（减去副产品收入），即得仔猪每千克活重成本。

$$\text{仔猪每千克活重成本} = \frac{\text{年初结存未断奶仔猪价值} + (\text{本年基础猪群饲养费用} - \text{副产品价值})}{\text{本年断奶仔猪转群时总重量} + \text{年末结存断奶仔猪总重量}}$$

核算猪产品的成本，对于节约开支、降低饲养成本、改善经营管理均有很重要的作用。

298. 如何分析猪场的经济效益？

影响猪场经济效益的因素很多，归纳起来主要有管理、环境、品种、营

养、疫病等几个方面。

(1) **管理** 猪场管理是第一位的，包括对人的管理与对猪的饲养管理。

(2) **环境** 环境是影响养猪的重要因素，包括大环境与小环境。大环境是指养猪的形势、政策、市场等；小环境是指猪场周围的防疫环境、环保环境等。猪粮比价是影响猪场经济效益的重要市场因素，业内人士习惯上把活猪（毛猪）价格与玉米价格的比称为猪粮价，盈亏临界点约为5.5∶1。大于5.5∶1的就盈利，低于5.5∶1的就亏损，经营好的也许不亏或少亏。

(3) **品种** 猪种的选择至关重要，目前多数规模猪场采用的是杜长大三元杂交品种，散养户采用的是杜长太（本）三元杂交品种。

(4) **营养** 一般的猪场，从种猪、仔猪到育肥猪，全程采用配合饲料，安全性能好、性价比高。

(5) **疫病** 疫病是养猪的大敌，疫病控制是猪场的生命线。然而，很多猪场的管理者喜欢把猪场经济效益不好的责任推给疫病。猪病问题归根结底是饲养管理问题。俗话说，"六分养三分防一分治"，饲养管理做得好的猪场病就少，经济效益相对就高。

另外，还要有完善猪场生产报表，熟练掌握猪场的生产统计方法，进而分析猪场的生产情况和经济效益。

299. 怎样降低养猪成本？

降低养猪成本的主要途径有两个：一是提高产量；二是尽可能节约一切费用。为了能达到节约一切费用的要求，一是采用先进的养殖技术措施；二是要改善经营饲养管理，具体措施有以下几点。

(1) 根据猪的生长发育特点，制订适合本地区（尤其是原料来源）、价格便宜的饲料配方，可降低饲料成本。

(2) 实行自繁自养，可以降低育肥用断奶仔猪的饲养成本费用，减少疫病发生的概率，从而降低养猪成本。

(3) 在保证生产正常运行的前提下，节约其他各项开支，压缩非生产费用也是降低成本的重要途径。

(4) 科学饲养，为猪的生长育肥创造适宜的条件，加快猪的生长速度，缩短饲养期，也可相对地降低饲养成本。

300. 提高养猪经济效益的主要途径有哪些？

要提高养猪的经济效益，既要制订正确的经营决策，使产品具备市场竞争能力，销路通畅；又要采用先进的科学技术，提高产量，降低成本，同时还要抓好生产中的经营管理工作。

（1）家庭猪场的经营规模要适度　家庭猪场经营规模的大小与经济效益的高低并不是在任何时候都成正比例，只有当生产要素的投入规模与本猪场的经营管理水平相适应，而产品又适销对路时，才能获得最佳的经济效益。

（2）选择优良猪种　选择优良猪种，是提高养猪生产的有效措施之一。选择猪种时应根据本地的具体情况，如饲料条件、市场上销售的猪肉及其产品的需求情况等，最好选择经过对比试验筛选过的生长速度快、适应好的二元或三元杂交猪作为育肥猪，这样每天每头猪能节约饲料 3.0～4.5 千克。

（3）科学饲养　家庭猪场为适应自己的经营规模、提高经济效益，必须科学养猪。除选择良种猪饲养以外，还要饲喂配合饲料，实行科学管理，适时屠宰和出售，提高出肉率。

（4）扩大饲料来源　饲料成本占猪场总成本的 70%～80%，饲料的质量和价格是养猪生产经营成败的决定因素。因此，除购买配合饲料并尽可能节约饲料、减少浪费外，还要尽一切可能开辟饲料来源，如用糟渣、麦麸、米糠、蚕蛹喂猪等。

（5）掌握市场信息，开展多种经营　家庭猪场要搞好经营，适时售猪，降低成本，必须掌握市场信息，开展多种经营，重视养猪生产、加工、销售等的各个环节，充分发挥自己的优势，因地制宜，围绕主业搞副业，搞好副业补主业，尽量开源节流，增加经济收入。

主要参考文献

陈清明，等，1997．现代养猪生产[M]．北京：中国农业大学出版社．

刘海良，等，1998．养猪生产[M]．成都：四川科学技术出版社．

李震中，2000．畜牧场生产与畜舍设计[M]．北京：中国农业出版社．

李德发，等，2000．猪的营养[M]．北京：中国农业大学出版社．

段诚中，等，2000．规模化养猪新技术[M]．北京：中国农业出版社．

李同洲，2000．科学养猪[M]．北京：中国农业大学出版社．

蔡宝祥，等，2001．家畜传染病学[M].4版．北京：中国农业出版社．

黄瑞华，等，2003．生猪无公害饲养综合技术[M]．北京：中国农业出版社．

赵书广，等，2003．中国养猪大成[M]．北京：中国农业出版社．

白玉坤，等，2003．肉猪高效饲养与疫病监控[M]．北京：中国农业大学出版社．

苏振环，2004．现代养猪实用百科全书[M]．北京：中国农业出版社．

杨公社，2004．绿色养猪新技术[M]．北京：中国农业出版社．

杨子森，等，2008．现代养猪大全[M]．北京：中国农业出版社．

王爱国，2009．现代实用养猪技术[M]．北京：中国农业出版社．

周元军，2010．轻轻松松学养猪[M]．北京：中国农业出版社．

于桂阳，等，2011．养猪与猪病防治[M]．北京：中国农业大学出版社．

周元军，等，2015．高效养猪你问我答[M]．北京：机械工业出版社．

贠红梅，等，2015．图说如何高效养猪[M]．北京：中国农业出版社．

图书在版编目（CIP）数据

养猪300问 / 周元军编著. -- 6版. -- 北京：中国
农业出版社，2024.10 -- ISBN 978-7-109-32319-3

Ⅰ．S828-44

中国国家版本馆CIP数据核字第2024KV3579号

养猪300问（第六版）

YANGZHU 300 WEN（DI LIU BAN）

中国农业出版社出版

地址：北京市朝阳区麦子店街18号楼

邮编：100125

责任编辑：周晓艳　王森鹤

版式设计：杨　婧　　责任校对：张雯婷

印刷：中农印务有限公司

版次：2024年10月第6版

印次：2024年10月北京第1次印刷

发行：新华书店北京发行所

开本：720mm×960mm　1/16

印张：16

字数：238千字

定价：88.00元